明天出版社
TOMORROW PUBLISHING HOUSE

本书使用指南

瞧，这个图标剪影，每个主题都不一样哟。

每个主题都以一个故事场景作为开始，引出之后的探索旅程。

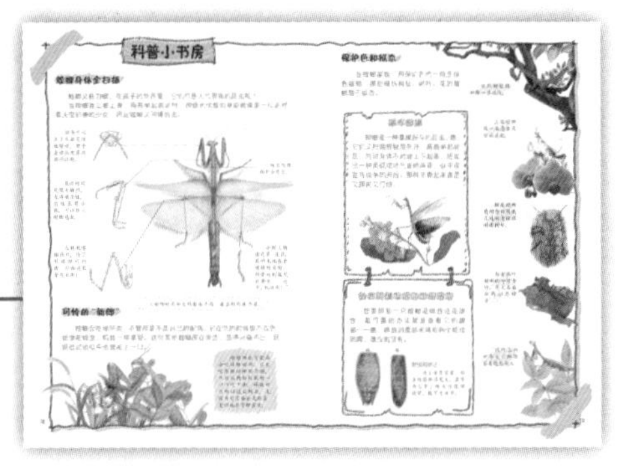

每个主题漫画后都附有科普小书房，介绍与主题相关的科普知识点，对漫画中的知识进行补充和拓展。

阅读漫画时，要按照先上后下、先左后右的顺序阅读。

阅读同一格漫画里的对话时，要按照先上后下、先左后右的顺序阅读。

画外音会让漫画故事的情节更加完整，不要错过哟。

亲爱的小读者们，很高兴能和你在“阳光姐姐科普小书房”中相遇。

我主编这套科普读物，与“阳光姐姐小书房”解答孩子们成长中的困惑的思路是一脉相承的。我认为科普读物也可以做得具有故事性、趣味性和知识性，这样你们才爱读。这一套书就是以四格漫画的活泼形式，巧妙融合有趣的科普知识，解答你们在科学方面的疑惑，开阔大家的视野。

在这套丛书中，作为“阳光姐姐”的“我”化身为一个会魔法的教师，带领着阳光家族的成员们，以实地教学的方式给大家上 “科学课”“自然课”。真心地希望这套书能够成为你的小书房中的一部分，让你爱上科学知识。

祝你们阅读快乐，天天快乐！

目录

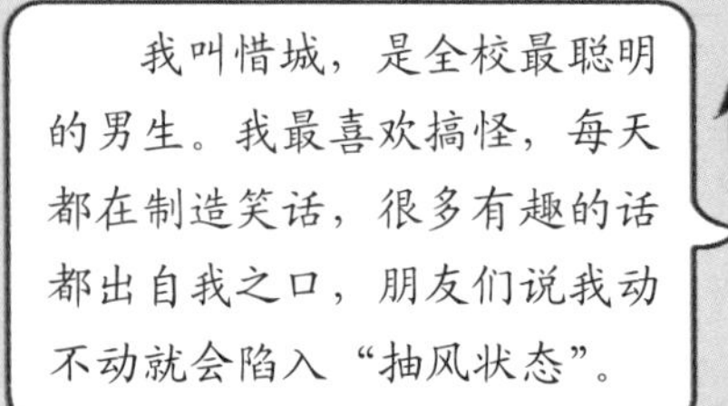

这是我同桌兔子，热爱读书的学霸，同时也是班花级美女。只要是书本上有的知识，她总是能信手拈来；只要是有趣的课外知识，她总忍不住记下来。

这个呆呆的小胖子是阿呆，有点傻乎乎，脾气很好，爸爸是大老板，所以他是个低调的“富二代”。坐在他旁边的小胖妞是咪咪。当阿呆有难的时候，咪咪总是拔刀相助。

我最大的梦想就是吃遍天下美食。

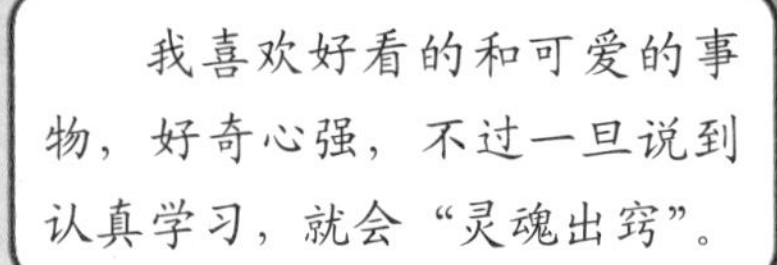

张小伟是个心思细腻的安静男生，生长在单亲家庭，对妈妈很依赖。他性格温柔，自律又勤奋。因为长相帅气、待人亲和，所以他和女生十分谈得来。缺点是有些多愁善感，还有点儿多情。

我叫江冰蟾，性格内向，十分要强，因此有些孤独，朋友不是很多，我总是沉浸在自己的世界里。我最擅长的是数学，最害怕考试失误。

江冰蟾

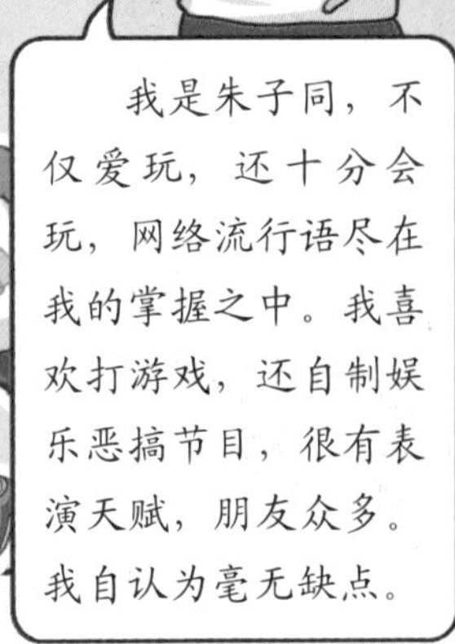

朱子同

阳光姐姐伍美珍

喜欢小朋友，喜欢开玩笑，被好友亲昵地称为“美美”的人。

善于用键盘敲故事，而用钢笔却写不出一个故事的……奇怪的人。

在大学课堂讲授一本正经的写作原理的人，在小学校园和孩子们笑谈轻松阅读和快乐写作的人，在杂志中充当“阳光姐姐”，为解决小朋友的烦恼出主意的人。

每天电子信箱里都会堆满“小情书”，其内容大都是“阳光姐姐，我好喜欢你”这样情真意切表白的……幸福的人。

已敲出100多本书的……超人！

博客（伍美珍阳光家族）
http://blog.sina.com.cn/ygjzbjb
信箱:ygjjxsf@126.com

草丛里的“刀客”——螳螂

暑假里的一天，骄阳肆意地炙烤着大地，阳光姐姐把惜城、阿呆、兔子和咪咪几个同学从作业堆里拽出来，略带神秘地说：“最近天气太热了，我看大家都没什么精神，不如去郊外丛林里游历一番，寻找传说中的冷血杀手——螳螂，你们愿意一起去吗？”“好哇好哇！正想不出找点儿什么刺激的事做做，这个提议正合我意！”惜城马上举手附和。

本期出场人物：阳光姐姐、惜城、阿呆、兔子和咪咪

唉，减肥——将是我一生的事业呀！可我总是不知不觉输给它，郁闷……

咪咪，这回出门匆忙，你带捕虫网了吗？要知道，螳螂的两把“大刀”可能会把咱们划伤呢。

大家说着笑着，来到一片花丛边，这里蜜蜂成群，蝴蝶飞舞。

同学们，不要放弃，我可以用魔法来帮助大家呀。
众人变得和林中昆虫一般小。哈，太神奇了，这样大家就可以进入昆虫的世界了。
啊吧啦，啊咔啦，变小变小！
唰 唰 唰
生出翅膀，自由飞翔！
众人顿时生出一对蜻蜓状的翅膀，振动翅膀可使自己悬浮于半空中。哇，真是太神奇了！
这样，你们对周围昆虫的探寻能力比之前强了百倍。

如果遇到危险，只要念动口诀“啊吧啦，啊咔啦，速速恢复”。就可恢复原来的大小和外形。
哇！好大一只蚱蜢啊！跳得这么高！真不愧是昆虫界的跳高冠军。
快看！这只蚱蜢的前方有一只大螳螂！
嘘，先别靠得太近，我们可以仔细观察一下螳螂捕食的过程。
这只大螳螂浑身碧绿，两对长翅就像一件浅绿色的纱裙，挺着大大的肚子，细长的脖子顶着三角形的头，两只眼睛似乎占满了整个头，一对丝状的触角轻轻摆动，两只前足像两把大刀，上面全是锐利的小齿，看上去威风凛凛。
可怜的蚱蜢，你倒是跑啊！
这个杀手有点冷啊！蚱蜢似乎被吓得动也不动了。

只见螳螂用两把大刀重重地砍下去，大刀上钩状的利刺死死地扣住了蚱蜢的身体，令它无法挣脱。

蚱蜢遇到螳螂时常常会变成胆小鬼。因为螳螂除了会摆出吓人的进攻姿势，还会用大眼睛一直死死地盯着蚱蜢，这使得蚱蜢误认为自己遇到了一个强大的对手，害怕得伏在地上，一动也不敢动，最后乖乖地成了螳螂的美餐。

这就是螳螂的“攻心”战术。

螳螂似乎听到了动静，带着猎物一翻身，迅速地潜入灌木丛。

哈，太聪明了。阳光姐姐，我看到螳螂在捕食的时候总是摇晃着身体，这是什么意思呢？

我猜啊，是它们待的时间太久，脚麻了，想活动活动身体。

不对，你没看到它一直晃个不停吗？我想它应该是吸引昆虫的注意，然后再一口咬住昆虫。

蝗螂这么做不是为了吸引昆虫，而是为了不被它们发现。你看植物叶子不都是随风摇曳吗？蝗螂摇晃不已，那些昆虫就以为它是随风摇动的叶子，所以蝗螂都走到蚱蜢身边了还没被发现。再加上蝗螂本身绿油油的，和周围环境浑然一体，不易被发现。

大家继续小心翼翼地在低空飞行。

大家一起飞近了去看。螳螂看到陌生者靠近，竟然丢掉了猎物，转身竖起了它的两把大刀，翅膀也突然张开，同时身体不时地上下起落，还发出一种类似喷吐气息的声音。
别再靠近了！这是螳螂向我们发出警告呢。

说话间，螳螂举起镰刀一样的双足向众人扑来……
呼啦
不要怕，有危险就念口诀！
哇呀呀，快逃呀！
恐惧之下早已没人记得这些。

阳光姐姐，
这只螳螂要吃我呀！
快救我呀！
阳光姐姐手拿网兜悄悄飞到螳螂后面，轻轻一套，螳螂便在网里挣扎了。

呼——刚才真的好险！本想来丛林找新的吃食，却不想自己差点儿成了螳螂的美餐！
我看这只螳螂肚子这么大，不会是有小宝宝了吧？而且，它看我们的眼神儿也特别可怜，好像有事要求我们！
兔子这么一说，我也觉得不忍心伤害它了，尽管它刚才凶得想吃掉我们。阳光姐姐，你有办法听懂它想说什么吗？

大家打开网兜放出螳螂妈妈，螳螂妈妈向众人表示感谢。

科普小书房

螳螂身体全扫描

螳螂又称刀螂，在孩子的世界里，它们可是人气很高的昆虫呢！

当螳螂直立着上身，高高举起前足时，那修长优雅的身姿就像是一位正对着天空祈祷的少女，因此螳螂又叫祷告虫。

脑袋可以上下左右灵活地转动，便于全方位观察周围的环境。

发达的前足像大镰刀，充满攻击性，边缘长有小刺，可以防止猎物逃脱。

大腿就像锯齿刀，除了前端锋利的齿，后面还长着大尖齿！

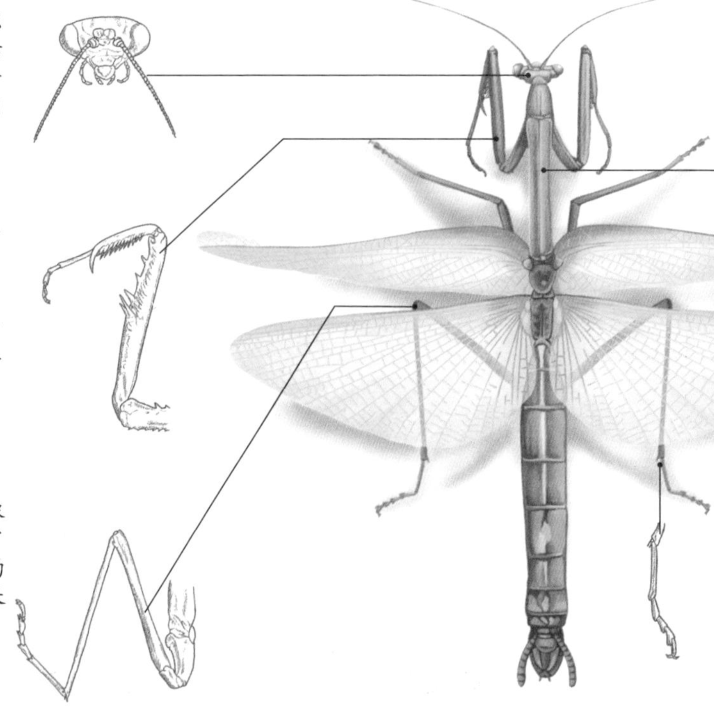

细长的腰部十分有力。

小腿上锯齿更多、更密，齿的末端长着硬硬的尖钩，好像时刻在发出警告：“走开，别碰我！”

一只螳螂的寿命大约有 6 个月，最长的约 8 个月。

可怜的“新郎”

螳螂会吃掉同类，不管那是不是自己的配偶。它在吃的时候面不改色，就像吃蝗虫、蚂蚱一样享受。这时其他螳螂围在旁边，显得兴奋不已，跃跃欲试地似乎也想吃上一口。

雌螳螂在交配后会吃掉雄螳螂。它先咬住雄螳螂的头颈，然后从胸部到腹部一口口吃下去。雌螳螂之所以这么残忍，是因为它需要补充能量，更好地孕育卵宝宝。

保护色和拟态

在螳螂家族，用保护色的一般是绿色螳螂，那些模仿树枝、树叶、花的螳螂属于拟态。

非洲树枝螳螂像一节枯枝。

恐吓姿态

螳螂是一种暴躁好斗的昆虫，瞧，它们又把翅膀极度张开，高高举起前足，同时身体不时地上下起落，还发出一种类似喷吐气息的声音，似乎在宣告战争的开始。那样子看起来真是又搞笑又可怕。

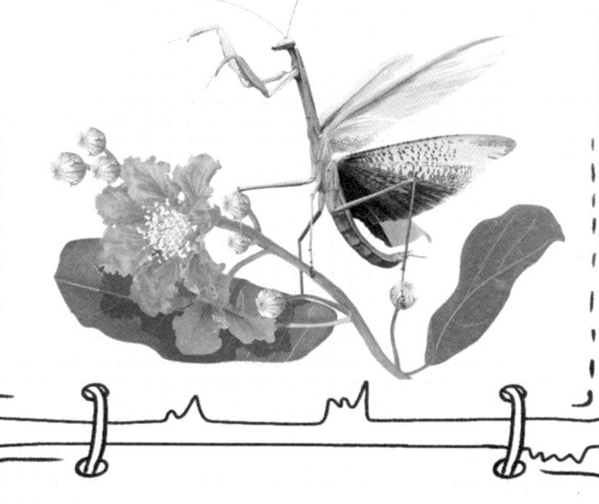

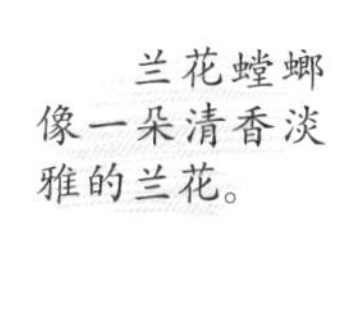

兰花螳螂像一朵清香淡雅的兰花。

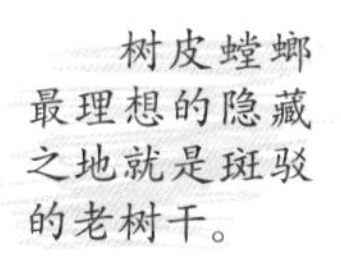

树皮螳螂最理想的隐藏之地就是斑驳的老树干。

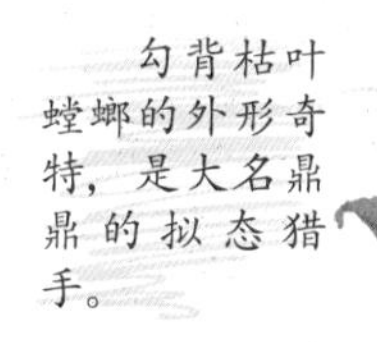

勾背枯叶螳螂的外形奇特，是大名鼎鼎的拟态猎手。

如何辨别雌螳螂和雄螳螂

想要辨别一只螳螂是雌性还是雄性，最可靠的办法就是查看它的腹部——瞧，雌虫的腹部末端有两个能动的瓣，雄虫则没有。

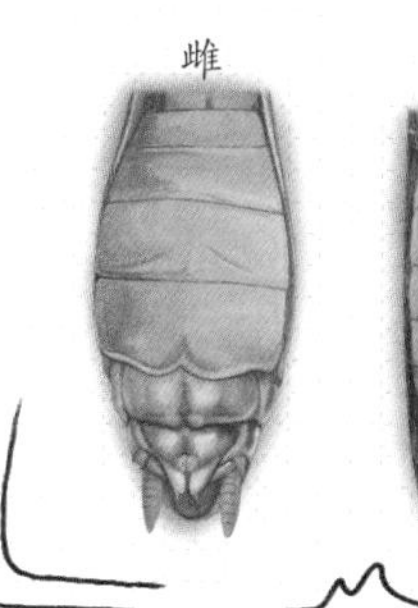

腹部观察法：

为了孕育宝宝，雌虫的腹部很宽大，腹节为6节；雄虫的腹部较窄，腹节为8节。

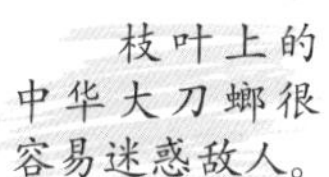

枝叶上的中华大刀螂很容易迷惑敌人。

昆虫界的劳模——蚂蚁和蜜蜂

周五的一个傍晚，刚下过雨，空气中弥漫着青草的香味。放学铃刚一响起，同学们就像离弦之箭一样冲出了教室，只剩下朱子同、江冰蟾和张小伟三个人留在教室里，激烈地讨论着什么。原来他们向往着郊外的旖旎风景，正打算周末一起去郊游呢。这时，阳光姐姐从外面走了进来。

本期出场人物：阳光姐姐、朱子同、江冰蟾、张小伟

周六的早上，大家在教室集合，整装待发。

蚂蚁和蜜蜂的祖先是和恐龙同时代的动物。蜂类早在三叠纪末期就出现了，到了侏罗纪，一些蜂类丧失了飞行能力演化成蚂蚁。
这么说，蜂类也是蚂蚁的祖先呢。
难怪这么像！
大家说着来到郊外。
我想象了一下，蜜蜂如果除去翅膀，果然就变成了胖蚂蚁。
大家瞧，我这里有观察蚂蚁的神奇宝贝。
这是?

哦，我的天哪！这是个、是个……
有透视功能的望远镜！
大家拿着“宝贝”凑近路边的一个蚁穴。

你们再仔细看看，不只是透视，还有照明功能呢——这是集透视、照明、放大视像为一体的暗处专用小型望远镜！

这是——长着翅膀的——蚂蚁？我没看错吧？它们飞来飞去在干什么呢？

这叫婚飞。在繁殖季节，带有翅膀的雌性和雄性蚂蚁就会成群飞出来，在空中进行求偶，孕育蚂蚁宝宝。

哇，这么说，这是一场壮观的婚礼呀！
这次你的思想还算纯洁。
可是阳光姐姐，为什么我们平时看到的蚂蚁都没有翅膀呢？它们一生只结一次婚就躲起来了吗？
聪明！雄蚁一生的使命就是和蚁后诞下许多新生命，婚飞之后它们就随即死去。
而婚飞过后的蚁后就会褪去翅膀，挖地三尺，产下不计其数的卵。一年之后，这些卵孵化成许多工蚁，帮助蚁后建立一个地下部落，开始过它们的群居生活。

那蚁后岂不是在奴役自己的宝宝?
……
你们瞧那个蚁穴！想不到蚂蚁窝的入口虽然不起眼，蚁穴内部却别有洞天呢。
来到蚁穴前，看到一群蚂蚁正排着队前进。
哇！蚁穴里简直就像个宫殿，还分了好多小房间。路线这么复杂，蚂蚁不会迷路吗?
别担心。蚂蚁会通过气味标记路线，准确找到自己想去的通道。

奇怪，这些小房间为什么有大有小呢？

冰蟾观察得很仔细。蚁穴房间大小不同，用途也不同，可以分为工蚁房、食物储存房、卵房、蛹房、幼虫房、蚁后房等。

没人对蜜蜂的世界感兴趣吗？前面就是养蜂场了，蜂巢就在那儿。

怎么深入了解蜜蜂？我可不想被蜜蜂蜇。

对啊。我听说蜜蜂的集体意识可强了，守门的工蜂根本不会让我们进去的！

大家别担心，我有一个好办法。

阳光姐姐掏出一瓶魔法粉往大家身上洒。
啊吧啦，啊咔啦，变身！
哇，我会飞啦！
太周到了！你是我们的女神，阳光姐姐！
现在我们都变成蜜蜂啦，身上还有蜜蜂的特殊气味，这样我们就可以轻松地进入蜂巢啦。

听，“嗡嗡嗡”，蜜蜂在唱歌……
这可不是蜜蜂的歌声，而是它们的翅膀振动发出的一种独特的响声。
佩服，你们都成了学霸了。

事不宜迟，我们马上去蜂巢口接受守门工蜂的“安检”，记得别大声喧哗。
它们是在闻我们的气味呢。蜜蜂和蚂蚁一样，都靠嗅觉获取信息。它们的触角上有许多细毛，就像灵敏的天线，可以辨别气味信息。
呼——还好轻松过关了。可是刚才蜜蜂干吗要用触角碰我们呢？
重大发现！瞧，蜜蜂长了一对毛茸茸的眼睛。它的眼睛表面有一层细细的绒毛。
原来是这样啊，难怪刚才它拿触角碰我时感觉痒痒的。

嗡 嗡 嗡
你不知道吧？朱子同，当这些绒毛挂满灰尘和杂质时，就会变得脏兮兮的，影响蜜蜂观察周围的环境。所以，蜜蜂会经常梳理这些绒毛呢。
阳光姐姐，我听说采花粉的蜂会把花源的距离及方位消息通过一些不同的舞姿来告诉同伴，然后大家集体行动，是真的吗？
不错！我们冰蟾这次一定做了很多功课，知道的还真不少！
蜂群里有一些侦察蜂，它们专门负责侦察蜜源。当侦察蜂发现蜜源后，会吸上一点花蜜和花粉，飞回巢穴，通过舞蹈和同伴们交流。
如果侦察蜂跳起圆形舞，表示蜜源离蜂巢很近；如果跳起8字舞，表示蜜源离得比较远。同时，侦察蜂在跳舞时，如果头向着上面，表示蜜源在向着太阳的方向；如果头向着下面，表示蜜源在背着太阳的方向。
蜜蜂们得到了侦察蜂带来的好消息，就会纷纷飞出巢穴，采集花蜜啦。

哇！我这是来到了哪座异次元宫殿？
这里面卫生条件不错呀，比我的房间还整洁。
蜂巢的结构好精巧！瞧，每一格都是大小相等的六边形。
朱子同，你的房间和这里好像没有可比性啊。
蜜蜂特别爱整洁，它们总是飞到空中排泄。如果蜂巢里有霉点或灰尘，工蜂都会及时清理掉。
在蜂巢最繁盛期，每天约有上千只蜜蜂死亡，但是大部分都会死在巢外。有的死在巢内，工蜂就会把它们清理出去。

众人发现蜂蜜整整齐齐地存放在一个个六边形格子里，受不了诱惑的众人立刻悄悄地品尝起来……
哇！蜂蜜！自从我变成了蜜蜂，就特别想吃蜂蜜。
哈，馋嘴，你变成蜜蜂后怎么没有变得更勤劳呢？
大家要尊重蜜蜂的劳动成果啊。一只蜜蜂一生只能产出一茶匙的蜂蜜。
这时，附近的工蜂们似乎感觉不对劲，就一窝蜂地涌过来，大家都吓呆了。
好不容易逃出了蜂巢，群蜂居然还穷追不舍。
同学们往来的路上飞！大家把手拉紧，不要走散了！
啊吧啦，啊咋啦，速速恢复。
大家逃命般地跳进湖中，握紧苇管在湖中呼吸。蜂群见众人投湖不见踪影，在湖边巡逻了一阵只好回巢了。大家这才狼狈不堪地爬到岸上。

瞧，蚁群成员

蚂蚁的种类不同，蚁群的生活习性和社会活动也会不同。一般的蚁群都有蚁后和工蚁，在特定的时间会出现雌蚁和雄蚁。有些种类的工蚁会变成兵蚁。

当雌蚁和雄蚁交配后，雄蚁死去，雌蚁翅膀脱落，回到巢穴开始作为蚁后产卵，这样，新的蚁群便出现了。

蚁后——即可育雌蚁，有巨大的胸部和腹部。当蚁群形成后，蚁后唯一的任务就是产卵。

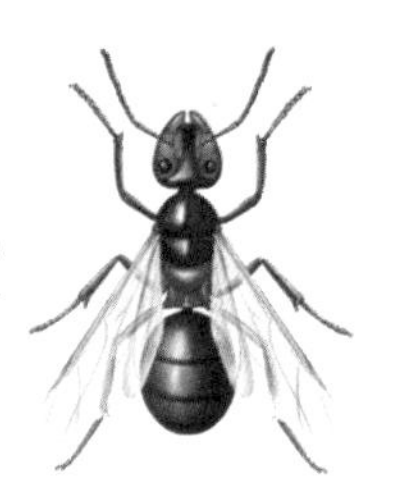

兵蚁——有巨大的头部，它们的责任是保卫蚁群不受侵害。

雄蚁——从未受精卵发育而来。它们十分短命，仅有的功能就是交配，以便完成蚂蚁家族的繁衍任务。

工蚁——是蚁群中数量最多的成员。它们的工作是采集食物，照顾蚁后、卵和幼虫，维修蚁穴。

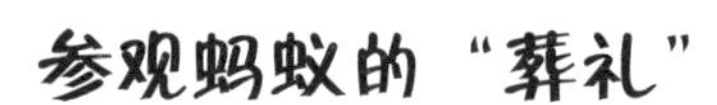

参观蚂蚁的“葬礼”

当一只蚂蚁在巢穴中死去，几只工蚁很快就会赶来，将它拖出洞外，走很远的一段路将死者埋掉。千万不要感动，蚂蚁并不是想让死者“入土为安”，而是因为死去的蚂蚁会发出一种“尸臭”，这种气味会阻碍蚂蚁之间传递信息。为了隔绝“尸臭”，同伴们才会将死者埋掉。

更不幸的是，如果有哪些活蚂蚁身上沾染了“尸臭”气味，那么其他蚂蚁也会将它们活活埋掉。蚂蚁其实很残忍。

切叶蚁

在南美洲生活着数量庞大的切叶蚁。它们日夜不停地辛勤工作，从树上取下一片片树叶运回巢穴。如果叶子太大，它们会咬成适当的尺寸再搬运，有时几只蚂蚁还会一起来搬运。

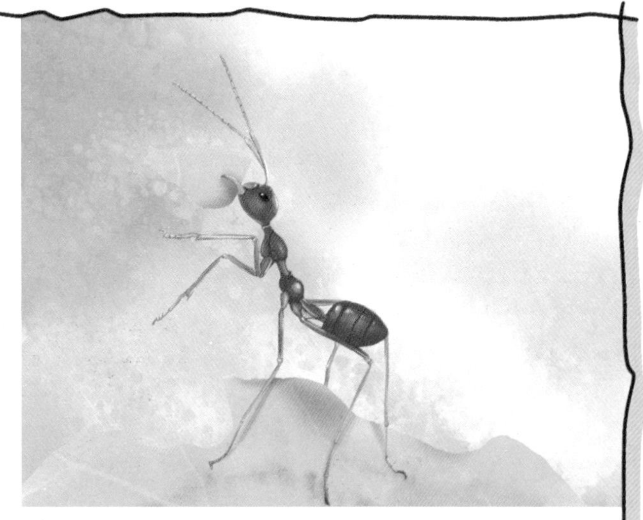

搬运回巢穴的树叶，会被成千上万只切叶蚁咀嚼成糨糊状，堆叠在一起，长出真菌来，建成巨大的真菌园。真菌园就是切叶蚁的主要食物之一。

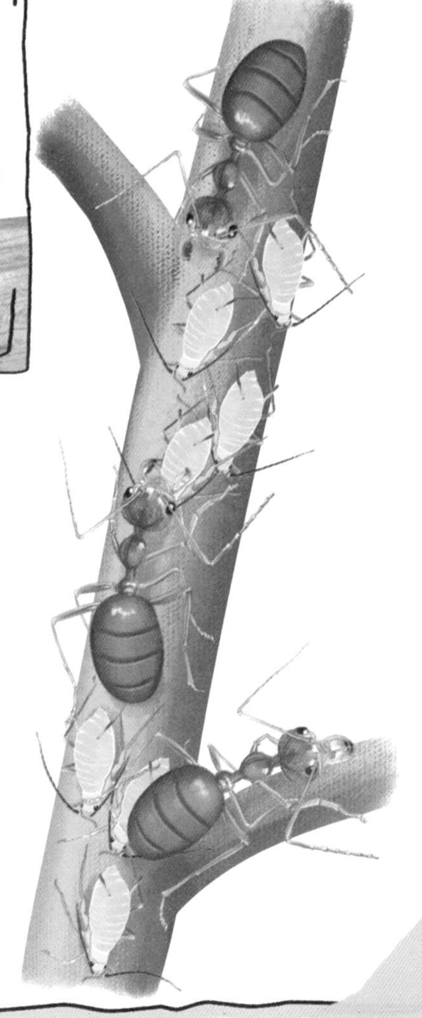

蚂蚁的好伙伴——蚜虫

蚜虫成群地聚集在嫩绿的叶片上，吸食植物的汁液，是有名的农业害虫。不过，蚂蚁却很喜欢它们。瞧吧，凡是有蚜虫的地方，总能看见它们围绕在旁边，将蚜虫的粪便当作美味享用。冬天，蚂蚁有时还会将蚜虫带回巢穴，让它们排泄，产生食物。

为了报答蚜虫的大方施舍，当蚜虫遇到危险时，蚂蚁也会挺身而出，帮助蚜虫赶走敌人。

蜜蜂的“宝剑”——螯针

对蜜蜂来说，螯针既能保护它们，也会杀死它们，所以蜜蜂只有在受到攻击或家园遭到破坏时，才会使用这件武器。

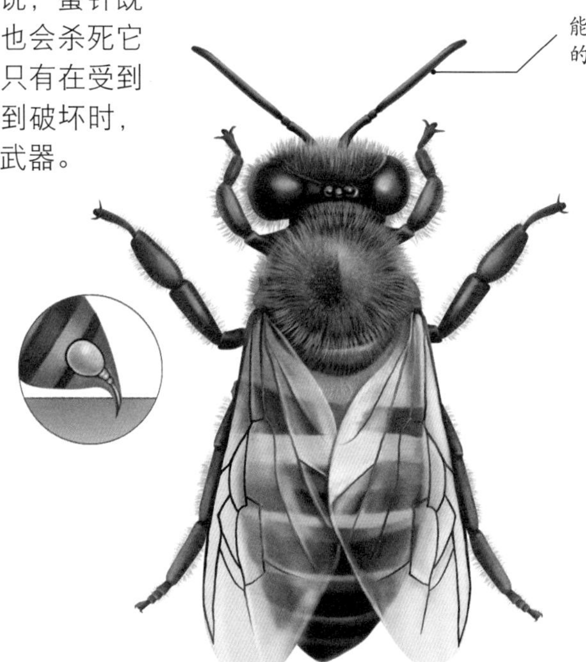

蜜蜂借助触角能够闻出各种花朵的香味，找到蜜源。

在蜜蜂的尾巴末端，有一根尖锐的刺，就是螯针。它连接着蜜蜂的内脏。由于螯针的末端有一个小倒钩，所以当蜜蜂将螯针刺入人体后，很难拔出来。大部分强行拔出螯针的蜜蜂，内脏也会被一起扯出来，最后蜜蜂就会死掉。

花儿的三种魅力

对于蜜蜂来说，花儿有三种魅力：花香、花色和花形。蜜蜂就是在这三种魅力的指引下，找到了心仪的花儿。

花香是最吸引蜜蜂的一种信息。它们喜欢那些气味芳香的花儿。

蜜蜂喜欢蓝色和黄色花，其次是紫色和白色花。它们对红色花不敏感，因为蜜蜂是“红色盲”。

大部分蜜蜂喜欢靠近花形大、形状对称的花儿。如果花序呈垂直状，那么蜜蜂会从下向上采蜜，因为花的下部含蜜多。

蜜蜂借助触角能够闻出各种花朵的香味，找到蜜源。

蜂王之战

当老蜂王将要死亡时，工蜂就会培养新的蜂王。它们选择一些健壮的雌性幼虫作为蜂王的候选人，每天喂食上等的蜂王浆。第一只蜂王出生后，它会马上将竞争对手一一刺死。

如果有几只蜂王同时出生，那么它们就会展开一场惨烈的决斗，直到有一只蜂王胜出。而战败者只有死路一条。

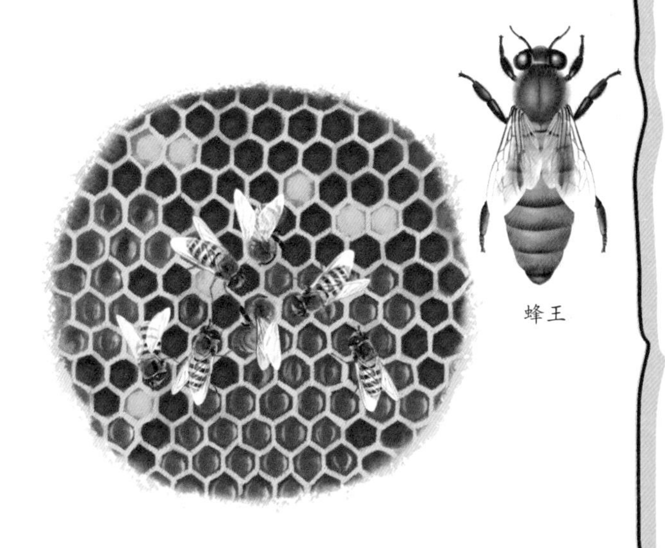

蜂王

婚飞

婚飞

在一个晴朗温暖的日子，几天前羽化出房的新蜂王在空中进行婚飞。有几十只甚至上百只雄峰追随着它，执着地追求，最后只有获胜者才能追上蜂王，被蜂王接受。

可是，谁也无法想到噩运正在降临。那些胜利的雄蜂在与蜂王交配后,很快便死了。而那些没有追上蜂王的失败者,却返回巢穴，尽情享受香甜的蜂蜜。

在蜂群里，雄蜂不从事任何劳动，它们游手好闲，还常常阻碍工蜂的工作。在蜜源缺乏的季节，工蜂会联合起来，将这群好吃懒做的家伙赶出去。

辛劳的一生

工蜂负责蜜蜂王国一切体力活。它们从孵化三天后便开始工作，一直到年老死亡。工蜂对待每一份工作都全心全意，认真负责，从不会怠工，更不会相互歧视。它们从日出到日落勤奋地工作着，即使结束采蜜工作回到巢穴，也要不停地扇动翅膀，保持巢内空气流通。

实际上，许多工蜂过早死亡，并不是累死的，而是因为翅膀被磨损。

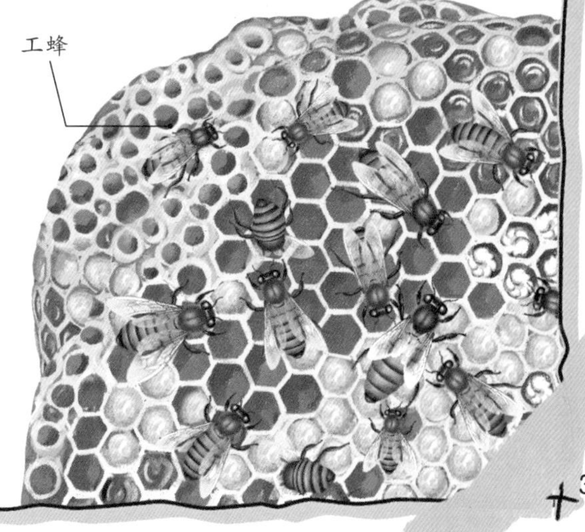

舞动的精灵——蝴蝶和蛾子

仲夏的一天，阳光姐姐正在和同学们聊天，忽然一只小蝴蝶飞到了教室里，落在一盆花上面了。它全身粉色，翅膀周围分布着褐色斑点，看起来很漂亮。正当大家想要仔细观察的时候，也许是周围突然出现的陌生面孔吓了它一跳，小蝴蝶轻拍着翅膀飞走了。

本期出场人物：阳光姐姐、惜城、兔子、咪咪

到了周末，大家走进了生机勃勃、五彩缤纷的大花田。果然，在这里到处都可以看到蝴蝶，有的在花丛中翩翩起舞、互相追逐，有的停在花蕊上愉快地吸食花蜜，还有的停在花上张开双翅晒太阳……好一幅美妙的夏日百蝶图！
我怎么没有听到蝴蝶振翅的声音呀？
蝴蝶每秒振翅只有4～10次，这样低的振翅频率，除非你有超能力才可以听到。
兔子不愧是学霸。我请教一个问题，蝴蝶是害虫还是益虫呢？
这个，我认为蝴蝶属于害虫。
同学们，严格地说，只有蝴蝶宝宝是害虫，因为它们会啃食植物；蝴蝶在成虫期属于益虫，因为它们可以帮助植物传授花粉。

同学们知道蝴蝶宝宝吗？就是丑丑的毛毛虫。它由蝴蝶卵发育而成，需要经过蛹的阶段才可以变成美丽的蝴蝶。这样的发育过程叫变态发育。
原来蝴蝶都是“变态”啊！
这些蝴蝶真美丽，它们都是雌蝴蝶吧？
惜城，你想什么呢？昆虫的变态是指幼虫与成虫在形态构造和生活习性上明显不同。
这个可不一定啊。雌性蝴蝶、雄性蝴蝶都很美，但是雄性的个头比雌性大，翅膀的颜色也更鲜艳。
兔子说得对。雄性蝴蝶体表和翅膀上的彩色鳞片及绒毛更加绚丽，在太阳光的折射下可以形成各种彩色斑纹，这样它们才可以吸引雌性蝴蝶呀。

哈哈！我发现自然界的动物都是雄性比雌性臭美，人类好像恰恰相反！
那是因为在动物界的婚恋中往往都是由雄性来吸引雌性，所以要打扮得漂亮些。

哦……
正说着，忽然一片厚厚的白云飘然而至，遮住了太阳。所有的蝴蝶眨眼的工夫就消失了。
咦？蝴蝶怎么躲起来了？难道它们也有“向阳性”吗？

遮蔽太阳的云层被风吹散，阳光又逐渐洒满大地，蝴蝶们又重新出来嬉戏了。
好啦同学们，蝴蝶都跳起舞来了，我们也一起舞蹈吧！
其实是气温的缘故。蝴蝶喜欢温暖，温度一旦降低，它们就会停止各种活动。

啊吧啦，啊咔啦，变身。
蝴蝶的鳞片太美丽了！不愧是大自然的艺术品！
一瞬间大家都变成了蝴蝶，翅膀上的鳞片整齐排列，闪闪发亮。
美丽的鳞片用途也很大呢，可以帮助蝴蝶飞行、防雨，还能通过调节吸收的太阳光，帮助蝴蝶调节体温呢。
变成蝴蝶真有趣，这么漂亮！还能飞！哇哈哈哈哈——真是太过瘾了！
当蝴蝶真好玩，我想一辈子都做蝴蝶！
事实上，变成蝴蝶是件很危险的事。蝴蝶的天敌非常多，同学们要注意，看到螳螂、蜘蛛、蜥蜴、黄蜂等要及时躲起来。

同学们发现这几片“叶子”的奇特之处了吗?
不仔细观察还真难发现！
我没看错吧？这几片“枯叶”竟然长了好几条长腿！
这些难道就是传说中的伪装高手枯叶蝶?
没错，它们就是枯叶蝶。它们翅膀的颜色与枯叶很像，合起来就像一片叶子。这样它们就可以躲避天敌的攻击啦。

一群蝴蝶从同学们身边飞过，大家悄悄跟在后面飞进花丛，观察它们吸食花蜜。
这就是传说中的“虹吸式口器”。
咦？那是蝴蝶的嘴巴吗？细细长长的，好奇怪！
瞧！这嘴巴形状像条蛇，还会自己卷起来。
花蜜太好吃啦。看来我的减肥计划又泡汤了。
我们现在也是蝴蝶呀，可以学着它们的样子试着尝尝原始花蜜的味道呀。
突然，空中飞来了几只麻雀，蝴蝶们吓得四处奔逃。
天哪，我可不想被鸟吃啊！快躲起来！

大家纷纷躲到花朵下或者草丛中。麻雀找不到什么，就飞走了。
好险啊！大家赶紧念动咒语恢复了人形。
天色开始暗下来了，蛾子开始出来活动了。阳光姐姐放了一个马灯在地上，不一会儿，很多蛾子围了过来。
可能是它们怕冷，所以才靠近灯光取暖吧？
这一次惜城猜错了。飞蛾总喜欢在夜间出来活动，所以要靠月光来导航，对光线很敏感。当周围出现别的光源时，它们也会认为那是月光，于是便飞过去。

蛾子晚上出来活动，遇到敌人怎么办呢？
别担心，蛾子的胸腹间有一个鼓膜器，可以接收敌人的超声波信号，判断敌人的位置，逃避追捕。

兔子捉到一只蛾子，仔细观察。
蛾子和蝴蝶看起来有很多不同呢。
没错。不如我们让蛾子自己介绍一下吧。啊吧啦，啊咔啦，昆虫语言。
大家立刻就听到了蛾子们在说话。
这些人干吗盯着我们看？
管它呢，我还是要找我的月亮女神。

蛾子老兄，你们和蝴蝶该如何区分呢？
最大的区别，我们蛾子的色彩没蝴蝶那么鲜艳。
我们和蝴蝶的区别还有：
第一，蝴蝶的触角都是棒状或锤状的，触角的顶端明显膨大，而我们飞蛾的触角常常为丝状、齿状或羽状。
第二，蝴蝶一般都比较苗条，肚子细长，可是我们飞蛾的肚子比较肥大、粗壮。
第三，蝴蝶静止时翅膀会垂直竖立在背部，我们则喜欢把两翅展开覆盖在背上。
第四，蝴蝶喜欢在白天自由地飞舞，而我们蛾子大多数都是在晚上出来活动。
……
说话很有条理啊。
士别三日当刮目相看啊。上次见它时，它还是个文盲呢。

科普小书房

蝴蝶毒

有些蝴蝶的鳞片是有毒的。如果你在捕蝶时，眼睛变得红肿或身体觉得难受，那表示你可能中了“蝴蝶毒”。因为蝴蝶在挣扎时双翅会拍散出大量鳞片，当鳞片被吸入身体时常常会出现这种中毒症状。

空中“婚礼”

蝴蝶习惯在飞行中交配。在这之前，它们需要经过一个求婚过程。

当雄蝶靠近一只栖息在叶上的雌蝶时，便半开着翅膀，围绕着雌蝶做半圆形飞舞。如果雌蝶已经交尾，它会将翅膀平展、腹部高高翘起，冷漠地表示拒绝；如果雌蝶飞向了雄蝶，并用自己的触角去抚摸雄蝶的翅，就表示它接受了雄蝶的“求婚”。

一只不需要交尾的雌蝶，当它在空中飞翔时，可能会遇到好几只雄蝶追逐，它们激烈地竞争着，难解难分。这时，雌蝶会向高空飞去，当几只雄蝶跟随而来时，雌蝶又突然挟翅向下急速降落，很快消失无踪。雌蝶的这种“逃婚”本能十分有趣。

蝴蝶的发育过程

雌蝶在树叶上产下了卵宝宝。大约一星期后，小毛毛虫会从卵壳里爬出来。小毛毛虫十分贪吃，刚出生就开始啃吃嫩叶。又过了一个月，毛毛虫吃得肥肥胖胖。一般经过几次蜕皮后，幼虫用几条丝把身体固定住，变成了蛹宝宝。冬天过去，春天来了，蛹宝宝使出浑身的力气从硬壳里钻了出来，这时它已经长出一双翅膀，变成了一只美丽的蝴蝶。

凤蝶幼虫

猫头鹰蝶

邮差蝴蝶

蝴蝶的拟态

凤蝶的大龄幼虫在受惊时能举起虫体前五节，配合腹面特有的斑纹，酷似攻击前的眼镜蛇的姿态，恐吓外敌。

猫头鹰蝶的翅膀上有一对巨大的眼状斑纹，可能是在模仿猫头鹰脸来恐吓靠近的掠食者。

邮差蝴蝶的翅膀上有亮红色的斑纹，好像是在对敌人发出警告："我有毒，赶紧走开！"

最美丽的蝴蝶——光明女神蝶

光明女神蝶体态婀娜，展翅如孔雀开屏。那美丽而梦幻般的翅面看上去好像蔚蓝的大海上涌起朵朵白色的浪花，又如湛蓝的天空中镶嵌着一串晶莹的珍珠，光彩熠熠，非常漂亮。将它比作“女神”真是一点也不夸张。

光明女神蝶

短暂的生命

蛾子的寿命非常短暂，大部分都不超过一年，而且绝大部分时间都是以“虫子”的形态生活，变成蛾子后最长只有一个月的生命。所以对于飞蛾来说，它们的生命短暂又珍贵！

孔雀蛾只有两三天的生命。在这极短暂的时间里，它们会拼命寻找配偶。无论条件多么恶劣，它们总是不顾一切地往前飞，甚至还没来得及品尝一下香甜的花蜜和清凉的露水，就已经死去了。

孔雀蛾

飞蛾与蝙蝠的大战

蝙蝠号称“活雷达”，它们能在飞行中发出超声波，在黑夜里准确地探测出各类物体，捕食蚊虫。而飞蛾的胸腹间有一个鼓膜器，在离蝙蝠 30 多米远的地方就能像预警雷达一样，探测到蝙蝠发出的超声波，马上逃跑。

夜蛾

如果夜蛾被蝙蝠发现，受到追击，那么它们便会不断地翻筋斗、兜圈子、改变飞行方向，以甩掉追击者。当这些招数不灵时，它们会干脆收起双翅，直直地落入地面的草丛中躲起来。这时候，失去了追击目标的蝙蝠只得悻悻而归了！

长尾大蚕蛾

长尾大蚕蛾的尾巴很长，像一把剪刀，长约十几厘米。尾巴中间呈粉红色，翅膀上有斑点，外观像一只风筝，远看又像一只小燕子。它们飞行时拖着长长的尾巴，就像是仙子在舞动彩带一样。

长尾大蚕蛾的雌、雄色泽完全不同。雄蛾以身体橘红色，翅杏黄色为主，外缘有很宽的粉红色带。雌蛾以身体青白色，翅粉绿色为主。雌、雄蛾前翅带有眼状斑，后翅均有一对非常细长的“小尾巴”，且都带有粉红色。

歌咏小天使——蟋蟀和蝈蝈

八月的一天上午，子同带着一只蝈蝈走进教室。只见蝈蝈在笼子里总是不知疲倦地摩擦前翅发出洪亮的声音，还时不时地用前足做着梳头、洗脸的好玩动作，这引起了同学们的兴趣。

本期出场人物：阳光姐姐、朱子同、江冰蟾、咪咪

大家走进田间，就听到了蝈蝈的叫声。
这叫声还挺悦耳的……
蟋蟀与蝈蝈自古以来都是最受欢迎的鸣虫。不过，只有雄性才会鸣叫。
蟋蟀和蝈蝈是怎么发声的呢?
蟋蟀俗称蛐蛐，有“天下第一虫”的美称，比朱子同的蝈蝈受欢迎呢。
这个我了解过，蟋蟀和蝈蝈都是靠摩擦翅膀发声的。
我不服！你说说蟋蟀到底有什么独特之处?
蟋蟀不但善鸣，更喜斗，有着顽强无畏、勇决胜负的武士精神。早在唐宋时期，上至达官贵人下至黎民百姓就兴起了饲养蟋蟀之风，闲时喜欢拿出来和别人养的斗上一斗，看看到底是谁的蟋蟀最顽强最勇武。可以说，斗蟋蟀的风尚在我国由来已久。

我是不是该考虑也弄只蟋蟀养养啊？
可是，蟋蟀们究竟都躲哪儿了？我怎么连影子都找不到呢？
要想找到蟋蟀，就得熟悉它的“隐居者”属性。
“隐居者”？
是的，成年蟋蟀往往会找一处干燥向阳的草坡，然后精心打造自己的“地下宫殿”，这样不仅可以有效防止下雨天“水漫金山”，还能安然度过寒冷的冬天。
蟋蟀可真聪明！我越来越佩服这些聪明的小家伙了！
看来就是这儿了！我要“直捣黄龙”！
大家在草丛里仔细寻找，终于在一条灌溉河边看到一只蟋蟀顺着地下入口钻了进去。附近还有好几处这样的入口。

等等！你知道怎么捉蟋蟀吗？
这个嘛……
让“隐居者”重新现身是一项十分有趣的挑战。
只见阳光姐姐从草丛里拔了一根长长的草，然后慢慢地伸进洞穴中，直到无法再深入了便轻轻地摇动起小草。等到时机差不多了便猛地将小草往回拉，果然草上附着一只蟋蟀。
江冰蟾眼疾手快，迅速用捕虫网兜盖了下去，蟋蟀束手就擒。
好棒！简直像钓鱼一样！
另一种捉法？
这是利用蟋蟀的好奇心引它上钩。
还有另一种捉法呢。

这个相对比较残酷。如果你们有耐心的话可以一试。
说着阳光姐姐便从河中舀了一瓶水，直直地从洞口灌了下去，直到洞穴被水填满。
不一会儿，几只蟋蟀浮了上来。
我想把蟋蟀带回去当宠物养。需要注意什么呢？
蟋蟀会不会不好养啊？
其实它们很好养。你们准备好一个小罐头瓶，在底部铺上一层土。蟋蟀天性好斗，记得一罐只养一只，多了会打架。平时拿些馒头块儿、米饭粒儿、青菜叶等喂它就成。

江冰蟾养蟋蟀，我更想抓只蝈蝈回去养。
我帮你一起抓。
他们顺着蝈蝈的叫声判断蝈蝈的大致方位，然后慢慢地靠近。
蝈蝈的警惕性很高，它发现有动静，马上停止了鸣叫。
过了一会儿，蝈蝈看没有危险，又开始叫了。
天哪，我看到了。
朱子同小声说着，继续慢慢靠近，然后伸手去抓……
不要急，慢慢地靠近。蝈蝈一般都在草茎的中上部分……
可是，朱子同只捉住了蝈蝈的一条腿，蝈蝈“断腿逃生”了。
阳光姐姐，蝈蝈的腿会像壁虎的尾巴一样再生吗？
不会的。虽然节肢动物也有甩掉肢体保全生命的现象，如蟋蟀和蝈蝈，但是肢体不会再生，一直到寿终正寝。

蟋蟀与蝈蝈不同的求偶方式

在蟋蟀家族中，雌蟋蟀和雄蟋蟀不是通过“自由恋爱”而在一起的。哪只雄蟋蟀勇猛善斗，打败了其他同性，那它就获得了对雌蟋蟀的占有权，所以蟋蟀家族常常“一夫多妻”。当然，这样的生存方式也有利于蟋蟀家族的繁衍。

与蟋蟀不同，蝈蝈在婚姻大事上更自由和公平。常常是一只雄虫站在某处长时间地放声高歌，有时几只雄蝈蝈组成一支“乐队”一起鸣叫，听到声音的雌蝈蝈们便聚集而来。它们十分认真地观察着，最后会选出那只唱得最好的雄蝈蝈作为自己的“恋人”。

产卵

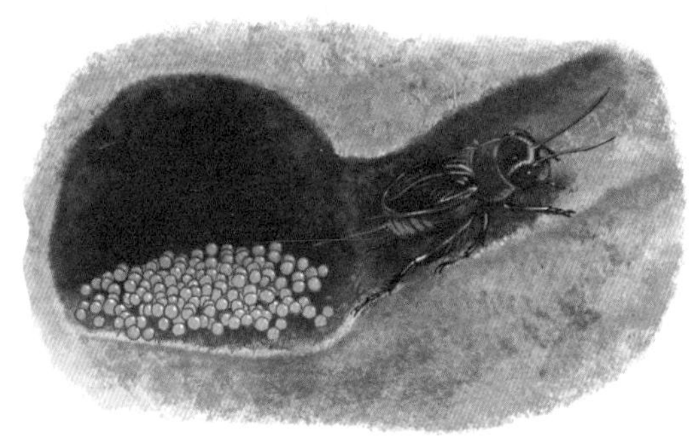

六月初是蟋蟀产卵的最佳时期。雌蟋蟀的尾部有一根又细又短的直管，这就是卵的出口。它将排卵口全部插入土中，一个姿势可以保持很久。终于雌蟋蟀抽出卵管，用尾巴在地上轻轻扫过，将卵埋藏在土中。

在原地休息一会儿，雌蟋蟀又朝别处走去，重新选择地点产卵。它们走走停停，这里一点那里一点，几乎可以把整个活动空间走遍。

第一次逃生

大部分小蟋蟀出生不久便会遭遇厄运。附近黑蚂蚁和灰蜥蜴闻到气味，会狂热地聚集而来。小蟋蟀们正好奇地看看这朵花，闻闻那棵草，没想到敌人已经从后面猛扑上来，抓住它们嫩小的身体，一口吞进肚子里。那样子，真是十分凶残！

一直到八月份，这场大屠杀才会结束。最后，小蟋蟀中只有少数幸运儿会生存下来。

更强大的敌人——蝗虫

现在，小蟋蟀的外表已经和成年蟋蟀很像了，但身体依旧弱小。它们在树林中四处漂泊，居无定所。虽然不再惧怕蚂蚁、蜥蜴，但是更强大的敌人出现了，那就是蝗虫。小蟋蟀们为了躲避敌人的追杀，在林中东躲西藏。经过这次残酷的劫杀后，小蟋蟀的数量可以说是屈指可数了。

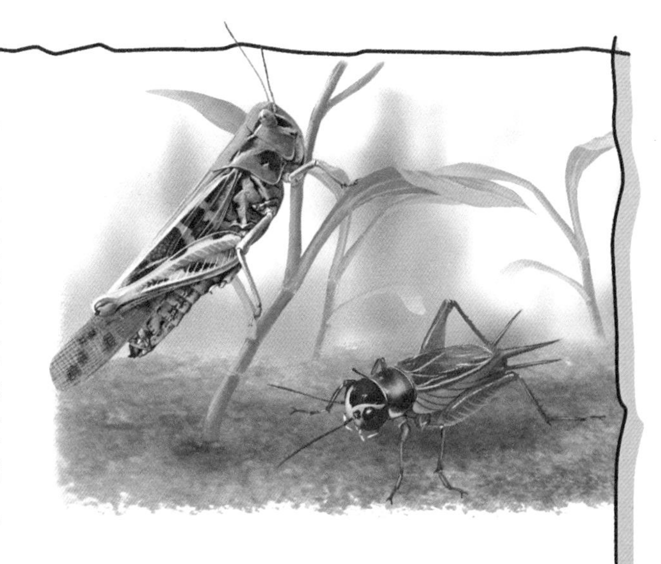

蟋蟀的筑巢艺术

十月底，天气渐渐变凉，成年的蟋蟀开始建造巢穴。它们不断重复这样的动作：先用前爪刨着土地，再用修花剪一样的上颚把石子夹出来，接着又用后腿不断地踩踏地面，最后，用尾巴将那些没用的土倒着推出洞外。所以，蟋蟀的洞口常有一面小斜坡。

这是一项浩大的工程。开始由于土层很松软，所以工程的速度很快。可是随着巢穴越挖越深，它们钻进钻出的时间越来越长，速度也慢了下来。有时它们累极了，挺立的触须变得卷曲，并且还会在洞口长时间休息。

蟋蟀还很注意修葺住宅。只要有时间，它们就会把住宅的墙壁刮一刮，通道扫一扫。在阳光明媚的早晨，常常会看见它们一次次撅着屁股从洞里退出来，又钻回去。

身披水晶羽衣的蝉

刚放暑假，阳光姐姐和朱子同、兔子、阿呆在一个风景优美的湖边公园野餐。湖面不时有微风袭来，园内遍植绿柳，迎风摇曳，婀娜多姿。树上此起彼伏的“知了—知了—”的蝉鸣声响成一片，犹如一支乐队演奏出的奏鸣曲。

本期出场人物：阳光姐姐、朱子同、阿呆、兔子

喝露水？不会吧！
我听说蝉喜欢居住在高高的树枝上，只喝露水，古代文人墨客总喜欢把它看作是高洁的象征，还为它写过很多赞美的诗歌。
露水也能喝饱吗？
其实，蝉虽然住在高处，但并不以露水为食，而是吮吸树的汁液，直到喝饱。
树皮这么厚实，它是怎么做到的？
它那突出的嘴巴像一个精巧的吸管，尖利如锥子，可以轻巧地刺穿树皮。
这么看来，蝉每天的日子一定是喝饱了唱，唱累了又喝，真是幸福无比啊！

不过，鸣唱在蝉的世界里却是雄性的专利。
不错，会鸣唱的都是雄蝉，雌蝉不能发声，都是“哑巴蝉”。
等等！你爬得动吗？还是交给我这个爬树健将吧！
哈哈！那边树干上有一只蝉的幼虫！待我爬上去抓住它！

说着，朱子同三下两下就爬上了树，然后悄悄地接近了蝉……
嘘——大家小声点，免得把它给吓跑了。
哇，子同你可真厉害！
天哪！居然是个空壳！

子同啊，看来，你是中了人家的“金蝉脱壳”之计啦！那是个蝉蜕，也就是蝉在羽化时褪下来的一层表皮。
抓蝉还是看我的吧，要学会利用工具嘛。
竟然捉住这么多蝉！该不会都是同一性别的吧，阳光姐姐，您给大伙儿鉴定下可好？
你们看，这只蝉的腹部有两片音鼓似的发声器，它是雄蝉。“音鼓”上的盖板和鼓膜之间是中空的。
大家再看一下这只雌蝉，它的腹部什么也没有，而尾部则有一根直管，这是它的产卵管。
有了这两样“法宝”，难怪雄蝉的“歌声”会这么嘹亮。

阳光姐姐，蝉是如何产卵的呢？它们会像蟋蟀一样把卵产在土里吗？
不是产在土里，而是产在树上。现在正是蝉产卵的季节，你可以去树上看一下啊。
得令！我这就去。

哈哈！找到了！那根小树枝上刚好有一只！
子同爬上树干，悄悄地靠近目标，只见那蝉正用尾部锋利的针在一根细小的树枝上扎洞。子同正想进一步观察，谁料想这蝉机灵地觉察到了危险，抬起翅膀毫不犹豫地飞走了！
哎呀呀！真可惜！只看到雌蝉在那里拉屉屉，没看到它是如何产卵的！
哈哈哈……那可不是拉屉屉，其实这只蝉就是要产卵了。

产卵？
对啊，蝉类就喜欢在这种又干枯又有点上翘的小细枝上刺个洞产卵。
哎呀，我居然打断人家做这种大事……
蝉这小东西还真机警，一靠近就跑了，难道它的背上也长眼睛或耳朵了？
蝉虽然鸣声嘹亮，却是个聋子，一辈子也听不到自己的歌声。
眼睛啊。你们看，蝉是复眼，它有五只眼睛，视野广阔，一旦发现危险就立即飞走逃生。
那它靠什么来探查敌情？
啊！不好！刚有只蝉把尿撒进我眼睛里了！
什么？什么？阿呆你不要紧吧？

我发现有只蝉停在树上，就赶过去想观察一下，谁想到它尿了我一脸！现在我脸上痒痒的，还有点痛，不会是中毒了吧？
快让我看看！

现在感觉怎么样?
好多了，已经不那么难受了。
放心吧，蝉的尿液是没有毒性的。蝉遇到危险，会将体内的废液排出，减轻体重，迅速起飞。

天色渐渐暗下来了，阳光姐姐让大家打开手电筒在地上搜寻。
阳光姐姐，你在找什么，你的钱包掉了?

不是不是，我是在找蝉的幼虫。
蝉的幼虫不是在树上吗？
这棵树旁边有几个小洞，用小铲子挖一下试试吧。
果然挖到了蝉的若虫。
它们将卵产在树枝上，树枝枯萎后落到地上。之后它们的幼虫会钻到地下，过上3至4年蝉的幼虫（若虫）才会破土而出。
都是还没长翅膀的幼虫，抓了它们有用吗？
这些幼虫有的可能明天就会蜕皮变成蝉了。为了进一步地对蝉进行观察，我们找几只回去观察一下蝉的蜕变过程吧。

科普小书房

蝉的洞穴

蝉的若虫需要寻找到柔软的土壤，钻入地下。它们有一对有力的前足，能够刺透泥土与沙石。瞧，一只蝉的若虫找到适当的地点后，马上用前足挖掘地面。它们不断地挥动前足，将土抛出地面，几分钟后，小家伙便钻入地下，把自己埋起来。

蝉的洞穴呈圆孔状，洞口有手指厚的一层土封闭着。洞穴内部深约 40 厘米，洞壁还有一层黏稠的泥浆。这是因为若虫在建造地下洞穴时，身体会分泌出一种液汁。当它掘土的时候，会将液汁倒在泥土上，使之成为泥浆，再用它那肥重的身体把烂泥挤进干土的缝隙里。这样，畅通无阻的隧道就建成了。

漫长的地下生活

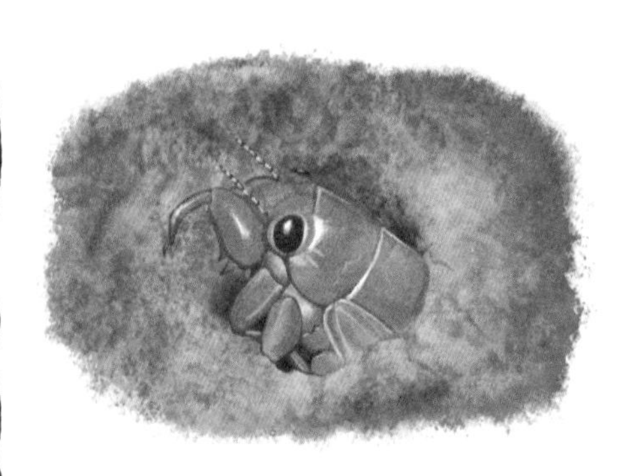

蝉的若虫需要在地下生活好几年。每蜕一次皮，就会长大一些。当它们准备爬出洞穴时，会爬到洞口，利用封闭在洞口的泥土探测天气。如果探测到外面有雨或风暴，它会小心地溜回隧道底部；如果探测到天气很温暖，它就用爪击碎“天花板”，爬到地面上。

挑剔地产卵

进入七月，蝉开始产卵。它专门挑选树上那些细长的枝条——枝条最好匀称而光滑，然后用尾部锋利的“针”在树枝上刺出一排小孔，再将卵产在孔中。

在产卵后几天，这些树枝会因为养分缺失而逐渐枯萎，然后掉落到树的周围。里面的卵发育成若虫后再钻到地下。

产卵管

蝉的蜕皮

在一些被阳光暴晒的道路上有好多圆孔，这些圆孔与地面相平，粗细就像人的手指。蝉的幼虫就是从这里钻出来的。

幼虫爬出洞穴后，一旦找到合适的灌木枝或树干便用前足紧紧抓住，开始蜕皮。它的外皮先由背部裂开，露出淡绿色的蝉翼，接着是头部、腿部和翅膀。刚蜕变的蝉湿漉漉、皱巴巴的，身体也很柔软。等过几个小时后，身体变得黝黑，才能正式开始飞行。

如果一只蝉在展开双翼时受到了干扰，这只蝉将终生残疾，也许根本无法飞行，雄蝉还可能无法发声。

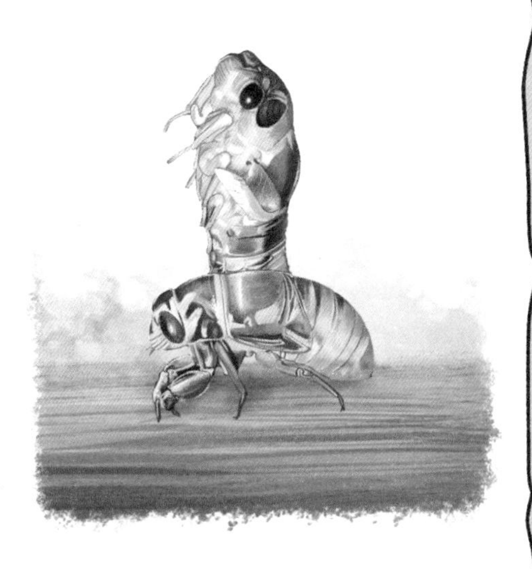

无处不在的敌人

你一定想象不到，小小的蝉竟然有这么多敌人，瞧，螳螂、麻雀、老鼠、刺猬、蛇、野猫等。这些家伙都对它们虎视眈眈，一旦发现便会毫不客气地扑上去。蝉想要平平安安地生活可是相当艰辛呢！

蝉的抢食者

蝉的周围生活着许多昆虫，比如苍蝇、黄蜂、花金龟、玫瑰虫等。一旦发现蝉刺破树枝后流出的浆汁，它们便立刻跑去舔食。蝉很大方，它抬起身子让大家过去，并和它们一起分享美味的汁液。

这群抢食者中，最“坏”的要算蚂蚁了。它们挤开别的昆虫，有的还咬紧蝉的腿尖，拖住它的翅膀，爬上它的后背，甚至有几个凶悍的“强徒”会抓住蝉的“吸管”，最后，蝉只好逃走了。

大将独角仙和斗士锹甲

暑假的一天，外面烈日炎炎，阿呆、兔子、江冰蟾翻看着暑假作业，昏昏欲睡。这时阳光姐姐步履轻快地走了过来，拍了拍大家的肩膀，说：“快醒醒，快醒醒，好消息来了！”

几个同学一听，睡意一下就变成了好奇，都盯着阳光姐姐，想知道她会宣布什么好消息。

本期出场人物：阳光姐姐、阿呆、兔子、江冰蟾

大家多找找树干上有没有流汁液的地方。树汁可是独角仙和锹甲的最爱呢。
它们应该躲在树洞里或者树根、落叶下睡大觉呢。大家仔细找找吧。

这是不是树干流的汁液？可是周围怎么没有甲虫呢？
可是阳光姐姐，您还没说独角仙和锹甲长啥样呢？叫我怎么找？

很简单，雄性独角仙头上顶着一个长长的角，末端有个小分叉。
真是“虫如其名”啊。那锹甲呢？是不是长得跟铁锹一样？
这个还真被你猜对了。锹甲的鞘翅并拢后，看起来就像铁锹。锹甲还有一对奇怪的上颚，看起来就像一对角。
我实在想不出它们的奇特造型。还是捉一只好好看看吧。
大家在附近搜了一圈，却一无所获。

它们是不是都睡觉了啊？
甲虫和我们的作息时间不一样，它们喜欢昼伏夜出。
这么说它们也害怕见人呀？和我有些像呢。
哈哈，它们可不是害羞，而是为了躲避天敌。

甲虫穿着“铠甲”，还有天敌？
当然啦，它们的天敌有很多呢，比如喜鹊、啄木鸟等鸟类。为了躲开这些天敌，甲虫白天一般都在呼呼大睡，晚上才出来觅食、求偶。不过，如果碰上同样是昼伏夜出的刺猬和獾，甲虫就只能自认倒霉了。
我很好奇，所有的甲虫晚上都会出来，能找到什么美味的食物呢？
兔子这个问题问得好。对于甲虫成虫来说，除了树汁，嫩嫩的植物也是它们的美味。而甲虫宝宝喜欢吃的东西很特别，比如独角仙幼虫生活在富含腐殖质的土壤或木屑堆里，喜欢吃腐殖质。
不是吧，居然喜欢吃腐烂的东西……

锹甲宝宝不会也喜欢吃腐烂的东西吧？
还真给你猜中了。锹甲的一生都依靠大树。它的幼虫被产在朽木里，以腐烂的树木为食。成虫和独角仙一样，喜欢树汁。
我们说了半天，主角还没登场呢。
我们的主角都很喜欢灯光，让我们布置舞台，吸引它们吧。
只见阳光姐姐找出一块白布挂在树林边上，在布后面放了一盏黑光灯，又在树干上涂上一层厚厚的蜂蜜，然后让大家躲在一旁暗中观察。
不一会儿，树林里便响起了窸窸窣窣的动静。
快看！我们的主角登场了！

大家打开手电筒仔细观察，树干上的黑色甲虫头上顶着一对长长的角，不是锹甲是什么？
事不宜迟，我们赶紧去捉几只吧！
慢着！别被它的上颚夹伤了！它的上颚非常有力，能咬破你的手指呢。
啊？这么严重！
对啊。因此我们要用专业的工具。拿好捕虫夹和塑料饲养箱。
阳光姐姐，有小甲虫撞到白布上了。

阿呆用捕虫夹夹起一只独角仙观察着。
哇！它的形象好别致呀，外壳坚硬光滑，头上长着分叉的角。还有，它的个头真不小呢！

快看，这两只独角仙在举行摔跤比赛呢。
加油啊！你们谁赢了，我可以考虑用好吃的奖励一下。
只见两只雄性独角仙不断地晃动额角，其中一只努力地将额角插入对方腹部并且顺势将对方高高举起，猛地甩到了地上！
它们不是在摔跤，而是为了争夺食物和配偶在进行决斗。
独角仙不愧是甲虫界的大力士，举起和自己差不多重的敌人竟然这样轻松。
阿呆应该学一学独角仙，当一个摔跤手。
哦……我更喜欢当个美食家。
大家谈笑而归。

科普小书房

天生大力士

独角仙虽然只有 20 多克重，但它们能承受相当于自身重量约 850 倍的物体，也就是重量超过 17 千克的东西。相比之下，蚂蚁可以举起比自身重 50 倍左右的东西，而动物界的“大力士”——大象只能举起占自身重量 1/4 左右的物体。因此，在昆虫界，甚至动物界，独角仙可称得上是名副其实的“举重冠军”。

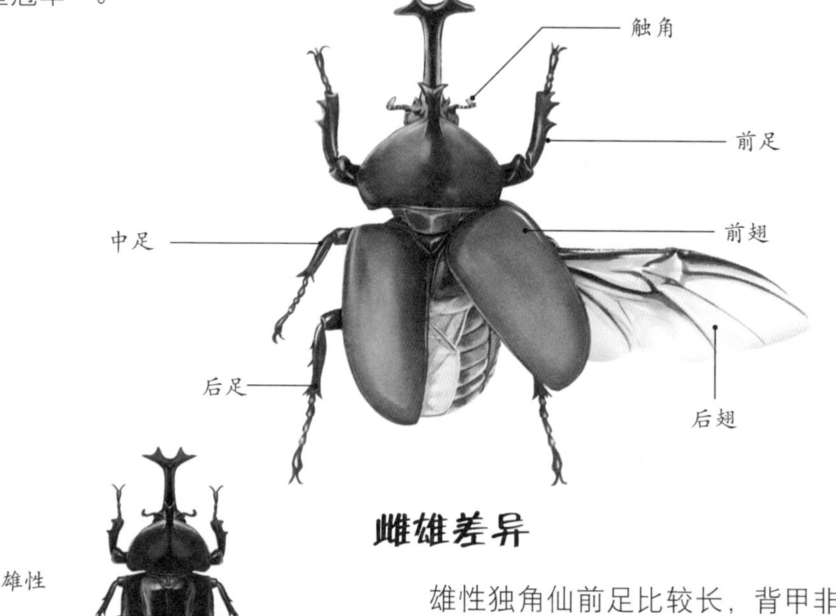

雄性

雌性

雌雄差异

雄性独角仙前足比较长，背甲非常光亮，雌性独角仙体形比雄性独角仙小，背甲粗暗。雄性独角仙的额角非常发达，末端向上弯曲，除了额角，雄性独角仙的背甲上还有一个向前伸出的背角。雌性独角仙额头顶部仅有一个小型隆起，而且它们没有背角。

独角仙的“霸气签名”

独角仙常常成群地栖息在光蜡树上。雄性独角仙用那坚硬的大颚弄裂树皮，吸取渗出的树汁。凡是被它们啃咬过的树干，都会留下一道道宽阔的、不规则的凹槽，这算是属于独角仙的霸气签名了。

角斗士——锹甲

锹甲头顶上的一对“角” 让锹甲威风凛凛。其实，那不是角，而是它们的上颚。雄性锹甲把上颚当作武器，用来打败敌人。在繁殖季节，雄性锹甲会站在石头或圆木上，摆出一副吓人的姿势，保卫领地。如果敌人入侵，双方就会厮打起来。它们使劲儿抓住对方的腹部，直到其中一方被摔倒在地。

美丽的彩虹锹甲

说起最美丽的甲虫，那就不得不提彩虹锹甲了。就算是害怕虫子的人，见到它们也会赞叹不已。彩虹锹甲身上有美丽的金属色：红色、绿色、黄色、紫色，看起来真的像把彩虹穿到了身上。

美他力弗细身赤锹甲

美他力弗细身赤锹甲的生存能力很强，它们长着和身体差不多长的大颚，威风又霸气。

长颈鹿锯锹

长颈鹿锯锹是世界上最大的锹甲，它拥有最长的上颚和最尖锐的锯齿，看上去非常有攻击性。

自然界的清道夫——屎壳郎

刚刚下过一场雨，明媚的阳光照耀着大地，花草散发出阵阵芳香。一大早，阳光姐姐便把同学们叫出来到野外观察昆虫。大家漫步在空气清新的乡间小道上，心情好极了。阳光姐姐提醒同学们尽量注意脚下，别踩到泥里。

大家都很好奇，这回要观察什么有趣的昆虫呢？阳光姐姐却故意卖关子，让大家猜。朱子同说，一定和下雨有关。惜城和兔子认为，一定和泥土有关。阳光姐姐微笑着点头。

你猜出来了吗？

本期出场人物：阳光姐姐、惜城、朱子同、兔子

啊，好多泥，我新买的鞋子啊……
活该！雨后路上全是泥，你竟然还穿新鞋，臭美！
兔子，你变了！你以前没这么毒舌的！

过路的小家伙？谁啊？快出来让我瞧瞧！
哈哈，大家多看脚下，除了别踩泥地，还要注意给过路的小家伙们让路。

居然还卖关子？究竟是何方神圣啊？
别着急，等会儿你就知道了。夏天到了，雨水逐渐增多，它们应该闪亮登场了。
看，就在那儿！
哦，原来是屎壳郎呀！

哈！难道是传说中的屎壳郎？
屎壳郎是这些小家伙的俗名，它们的学名叫作蜣螂。除了南极洲以外的任何大陆都可以找到它们的身影，猜一猜，这是为什么呢？
这简直就是送分题嘛！屎壳郎吃动物的粪便。除了南极洲外，其他大陆都有大量的动物，粪便自然是少不了的，出现屎壳郎也就不奇怪了。

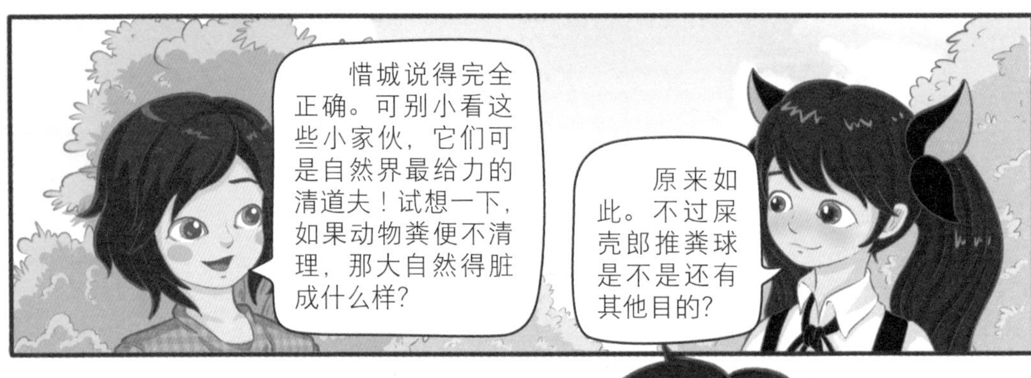
惜城说得完全正确。可别小看这些小家伙，它们可是自然界最给力的清道夫！试想一下，如果动物粪便不清理，那大自然得脏成什么样？
原来如此。不过屎壳郎推粪球是不是还有其他目的？

比如……搞一个《舌尖上的XX》之类的节目？
惜城，你的笑话让我的内心无感……

好啦，兔子想要的答案都在今天的观察活动里。赶快跟上去好好观察吧！
原来滚粪球的不止一只屎壳郎，而是两只。前面的一只用后足抓紧粪球，前足行走，用力向前拉，后面的一只用前足抓紧粪球，后足行走，用力向前推。
哦！这娴熟的技巧，默契的配合！我觉得它们一定是夫妻。
你说对了。繁殖季节，雌性屎壳郎和雄性屎壳郎一起把粪球推到安全的地方藏起来，然后把“爱情的结晶”产在粪球里，这样，幼虫孵出来以后就有充足的食物了。
屎壳郎平时住在哪里呢？
屎壳郎平时住在自己挖的地下通道里，闻到粪便的气味就会爬出来。
另外，你们还记得我刚才提醒你们注意脚下、给它们让路吗？那是因为它们对雨水带来的温度和湿度变化很敏感，所以一到下雨天就会倾巢而出。

同学们，我们跟屎壳郎学习一下制作“糕点”怎么样呀？
糕、糕点？

我的脑海里出现了很糟糕的画面……
我也是……
说着，阳光姐姐拿出蓝色魔法荧光粉。
啊吧啦，啊咔啦，变小变小！
同学们都变得和地上的屎壳郎一样小，还穿上了黑色铠甲。忽然，一只屎壳郎走了过来。大家赶紧躲到一旁，悄悄观察起它的动作。

你们瞧它的头和触角，是不是很像锯齿和梳齿？
真的像！兔子你的观察力真是爆表！
这时，只见屎壳郎将"锯齿头"和"梳齿角"当铲子用，再用前腿不停地拍打，不一会儿一个圆圆的粪球就做好了。不过，皆城注意到旁边还有一堆梨形的粪便。
咦？屎壳郎堆得不都是圆形粪球吗？怎么还有梨形的？
梨形粪是处于繁殖期的屎壳郎的杰作，很好辨认。屎壳郎将粪球推到洞穴后，雌屎壳郎会在每一个粪球上产卵。这样小宝宝在出生后就可以随时吃到美味的食物。
同学们又观察了一会儿，最后实在忍不了刺鼻的恶臭，跑到了一片开阔的草地上，恢复了原来的大小和外表。

我感觉这次的变身会让我记一辈子……
不，我要忘了它，一定要忘了它！

只见两只屎壳郎正在为堆好的粪球打架。其中一只是粪球的原主人，另一只则是身强力壮的“强盗”。惜城看不过眼，于是就把“屎壳郎强盗”赶跑了。
大新闻！你们快看，有两只屎壳郎在打架！
我从未见过如此厚颜无耻之屎壳郎！自己不辛勤滚粪球，还想坐享其成！
如果刚刚不是惜城出手相助，那只屎壳郎不仅会丢了口粮，说不定连“老婆”也会被别人抢走……
太过分了！
既然屎壳郎处理粪便的能力这么强，那些专业牧场应该很需要它们吧？

兔子，你的脑洞越来越大了！
她的脑子里大概有个黑洞……
朱子同，我听到了！
咔咔
咔咔

兔子不愧是学霸，敢于大胆假设。别看屎壳郎个头小，对于澳大利亚畜牧业，它们的贡献可是不容忽视。
澳大利亚一直以养牛业闻名天下，牛群每年要排出上亿吨粪便。
偏偏本地的屎壳郎只喜欢小粒的袋鼠粪，这使得当地的草场遭受严重的环境污染。
这屎壳郎吃粪还挑食，也算是奇葩了！
别打岔，听阳光姐姐说。
于是澳大利亚只得从别的国家引进不挑食的屎壳郎来协助他们“打扫草场”，才使得牧场恢复生机，使畜牧业得以继续发展。
推粪小能手们真伟大！

科普小书房

灵巧的后足

屎壳郎的前足是弓形的，外端有一些锯齿，可以用来扫除障碍物。它们的后足细而长，外端有尖尖的小爪子，非常灵巧。屎壳郎经常用后足旋转操作材料制作粪球。

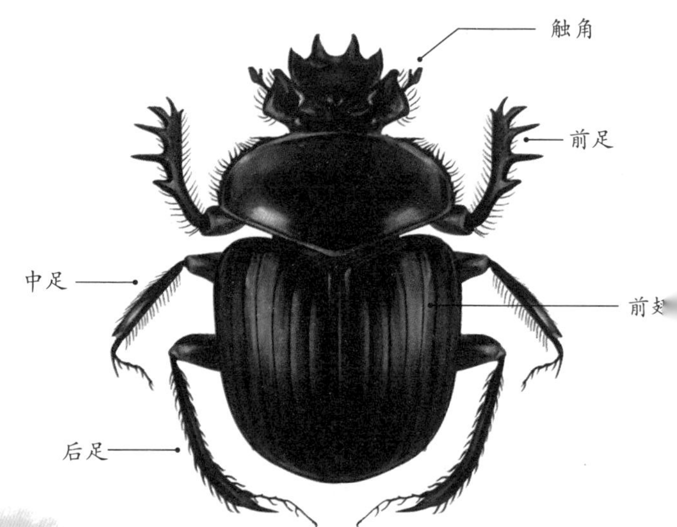

精准的天气预报员

傍晚时，如果你在田间看到屎壳郎们到处飞，就表示明天是个大晴天；如果是一两只屎壳郎紧张地爬来爬去，就表明第二天可能下雨。

美食侦探

屎壳郎闻到食物的香味后，就会爬出洞穴，在食物香气的引导下飞向食物。屎壳郎有时会飞行很远的路程，看到目标后，它们就将翅膀一缩，自由地落到地面上，然后调整身体快速地爬向食物。

如何寻找自己的洞穴

屎壳郎可分为昼行性和夜行性两种。在白天活动的种类会利用太阳定位寻找自己的洞穴。每当它们觉得迷失方向时，就会跳到粪球上，看着太阳，跳一种简单的定位舞，然后就能定位自己的洞穴。而夜晚活动的屎壳郎们会利用大气层中分布的、由日光和月光产生的偏振光导航。

小小屎壳郎拯救澳大利亚畜牧业

在澳大利亚，当地的屎壳郎只喜爱食用小粒的粪便，如袋鼠粪，而不喜欢牛、羊的粪便。从 1965 起，到 1985 年，澳大利亚联邦科学与工业研究组织实施了澳大利亚蜣螂计划，成功地从世界各地引进了 23 个品种的屎壳郎，基本解决了澳大利亚的牧场粪便堆积问题，同时减少了 90% 左右的有害的丛林飞蝇。

细腰薄翼的点水小精灵——蜻蜓

炎热的夏季还没有结束，阳光姐姐组织的野外昆虫观察活动也还在继续。这段时间大家去农村过起了“农家乐”生活，平时借住在村民家里，有活动了再一起出来。

这天午后刚下过一场小雨，天气凉爽了不少，空气里弥漫着花香。

因为雨水的注入，路边的池塘里水多了起来。池塘周围飞舞着一种美丽、轻盈的昆虫，它们有着纤细曼妙的肢体，薄如蝉翼的透明双翼，硕大滚圆的眼珠，这就是夏日常见的“小精灵”——蜻蜓。

本期出场人物：阳光姐姐、惜城、张小伟、咪咪

阳光姐姐和同学们走在乡间的路上。
雨后的空气真是清新！还有一股好闻的花香味儿！
哎哟！虽然空气清新，但这路太泥泞了！

泥泞路上见英雄啊！阳光姐姐，这次我们出来干吗呢？
认识新朋友啊。瞧，我们的小伙伴在那儿呢！
大家向池塘四周张望，只见好多蜻蜓在飞舞。

它们不是在晒太阳，而是出来捕食。
这么多蜻蜓！它们这是在做日光浴？

捕食?
对呀。雨后空气湿度很大，一些蚊虫的翅膀沾满了小水滴，所以只能飞在低空中。而它们正是蜻蜓的美食。
这些小虫子够可怜的，刚被雨淋了，这一眨眼的工夫又因为飞得不高成了别人的美食。
除了蚊虫，蜻蜓还喜欢吃些什么呢?
蜻蜓是十足的肉食动物，除了蚊虫，它们还会捕食苍蝇、蝴蝶、飞蛾、蜂类等小昆虫。

听您这么说，我们捉一只蜻蜓养在屋里，就不用蚊香了！
好呀！我们赶紧抓一只吧！

不远处的植物上停着几只蜻蜓。咪咪从后面走过去，刚要伸出捕虫网，蜻蜓就飞走了。他们尝试了几次，都没有抓到蜻蜓。
真累！阳光姐姐，我从后面靠近蜻蜓，它们怎么能看到呢？

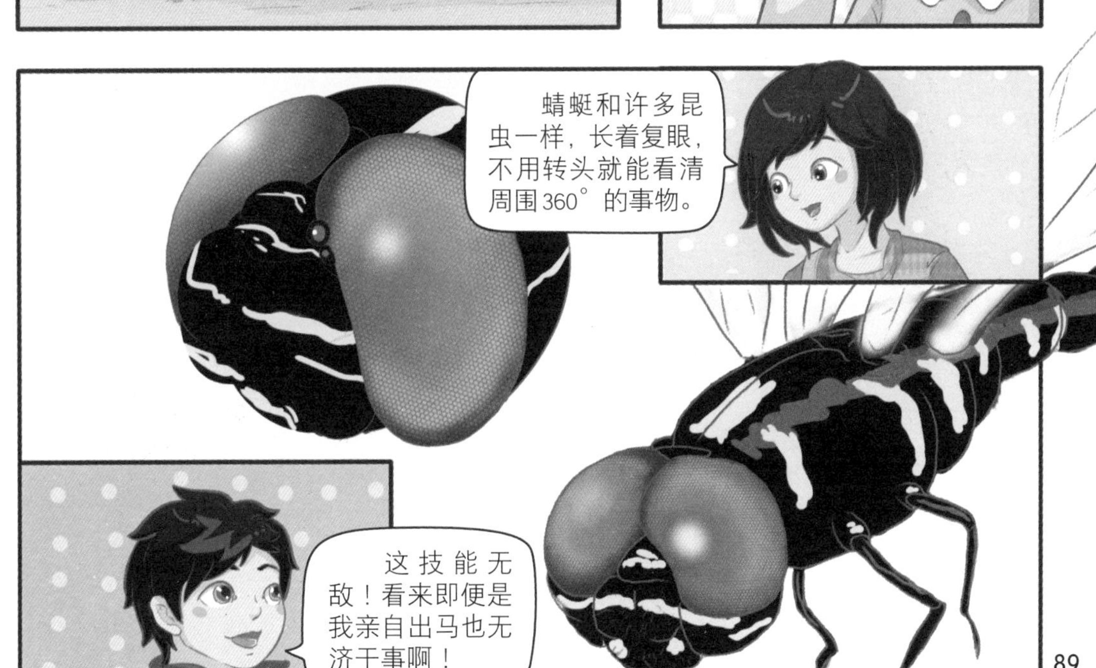

蜻蜓和许多昆虫一样，长着复眼，不用转头就能看清周围360°的事物。
这技能无敌！看来即便是我亲自出马也无济于事啊！

同学们顿时变得和蜻蜓一样小，还长出了漂亮的翅膀。
别急。啊吧啦，啊咔啦，变小变小！
这翅膀，又薄又亮，巧夺天工啊！居然还能分开震动！
阳光姐姐，翅膀边缘的黑点是什么啊？

翼眼？翅膀上的眼睛吗？
这叫翼眼，是飞行时不可或缺的“小零件”呢。
翼眼是用来增加翅膀重量、消除高速飞行带来的震动的。这样，飞行时翅膀才不会被迎面而来的强大气流震碎。
原来这小零件是蜻蜓乘风破浪的宝贝呀！

同学们轻盈地飞着，渐渐靠近了一只蜻蜓。
阳光姐姐，我发现蜻蜓好像不止两只眼，它的大眼睛下面似乎还有三只小眼睛！
两只大眼睛叫复眼，三只小眼睛叫单眼。这样复杂的眼睛可以让蜻蜓轻松观察到猎物，发现天敌，在大自然里来去自由。
真厉害！
快看！蜻蜓在水面上开舞会呢！
跳舞？它们这是在跳什么舞呢？
大家飞到池塘边。
只见蜻蜓在平静如镜的湖面上慢慢飞旋，不时地将细长的尾巴弯成弓状伸进水草丛中。
这不是跳舞，而是在繁衍后代。
把宝宝生在水里？
是把卵产在水里。同学们仔细观察，蜻蜓贴近水面飞行，就是为了寻找适当的位置产卵。“蜻蜓点水”指的就是这个。

可周围还有一些蜻蜓只是转来转去并不点水，这是在巡逻吗？
蜻蜓怎么分辨雌雄呢？
你说对了。它们都是些称职的蜻蜓丈夫，正在巡逻，以保证自己的妻子安心产卵。

看到附近那些绕着同类跳“Z”字形舞的蜻蜓了吗？它们就是雄蜻蜓，正在通过跳舞的方式向异性展示自己腹部艳丽的色彩，追求配偶呢。

蜻蜓长得文艺，求偶方式也很文艺，居然“斗舞”！

蜻蜓把卵产在水里，小蜻蜓也生活在水里是吗？
咪咪说得对。蜻蜓卵几周后开始孵化成幼虫，喜欢捕食蚊虫类的幼虫。但它们在这期间经常遭到鱼类、青蛙和一些水生甲虫的攻击。
天哪！还这么小就生活得如此艰难！

阳光姐姐，蜻蜓的世界太危险。还是把我们变回原来的样子吧。

阳光姐姐用魔法将大家恢复了原来的样子。

阳光姐姐您看！那群细细瘦瘦的小蜻蜓是刚从水里蜕化出来的吗？翅膀都还没完全展开呢……

那可不是小蜻蜓啊，它们完全属于另一个品种——豆娘，是蜻蜓的近亲。

豆娘的颜色五彩斑斓，真好看！我们变成豆娘，和它共舞吧！

豆娘和蜻蜓的生活习性也十分相近，它们都具有很强的领地意识。如果你变成豆娘，莫名其妙地闯入人家的地盘，搞不好会被雄性豆娘驱逐。

科普小书房

特技飞行表演

蜻蜓是灵巧的飞行者，前翅和后翅可以一起摆动，也可以分开摆动。

在空中飞行时，蜻蜓好像一个飞行表演家，时而突然回转，时而穿入云霄，时而悬空停留，时而后退盘旋，刺激又精彩！

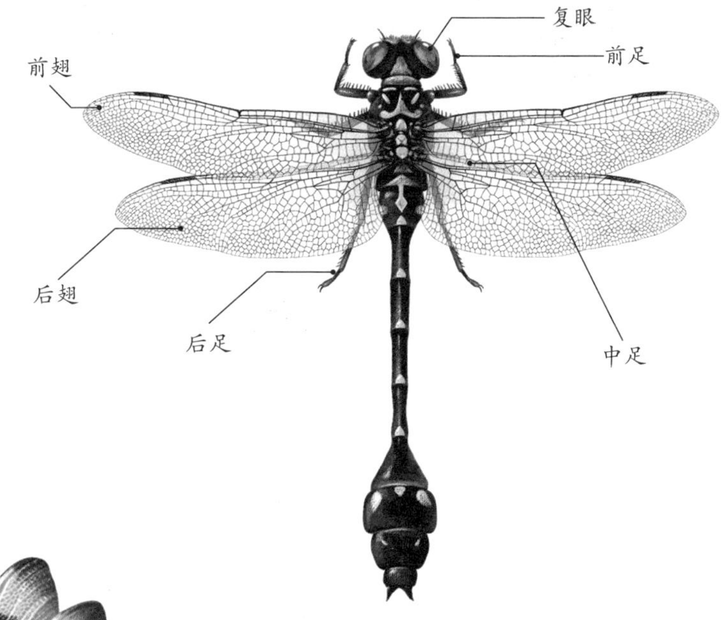

神奇的眼睛

蜻蜓是世界上眼睛最多的昆虫，它们的眼睛大大的，鼓鼓的，占据着头部的绝大部分。蜻蜓的复眼由成千上万个六边形的小眼组成。有这样的复眼，蜻蜓不用转头就可以向各个方向看，而且还能测定目标物体的运动速度呢。科学家模仿蜻蜓眼睛的构造，发明了复眼照相机。

“尖桩”散热法

在炎热的天气里，蜻蜓把身体倒立起来，摆出一种“尖桩”的姿势——使劲儿让尾巴指向太阳，这样可以减少热量的吸收。

奇妙的不完全变态

许多昆虫从幼虫到成虫都需要经历一个戏剧性的变化。幼虫需要经过一次又一次的蜕变，才能长得和成虫完全一样，这个过程就是不完全变态。

①蜻蜓将卵产在水里几个星期后，蜻蜓卵孵化为若虫。
②若虫像一只大肚子的蜘蛛，长着一对很长的大钳，喜欢捕食蚊子的幼虫。若虫至少要在水下生活两年，甚至可能会生活八年。这段时间，它们会不断蜕皮。
③在最后一次蜕皮前，若虫从水中爬出来。
④若虫附在岸边的植物上。
⑤若虫的外皮很柔软，若虫可以轻松挣脱，摆脱外壳后，正式成为蜻蜓。
⑥这时，蜻蜓的翅膀皱巴巴、湿乎乎的，还无法飞行。
⑦大约一个小时后，蜻蜓飞向空中，开始自己的成年生活。

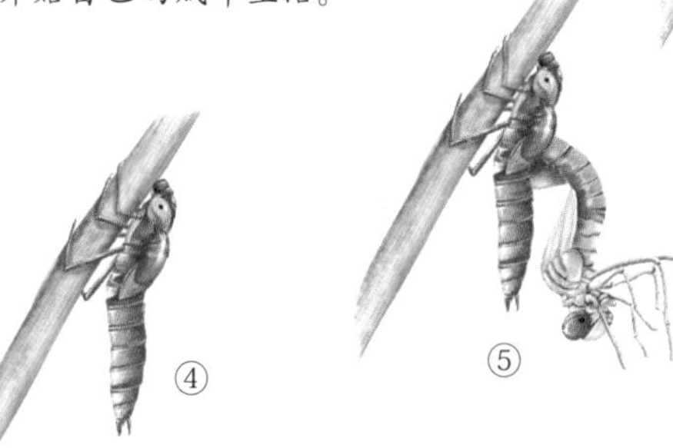

天生“捕虫网”

当蜻蜓在空中发现猎物时，会立刻将六只长满粗毛的前足向前方伸出，合抱在一起，形成一个开口朝前的网篮。有了这个“捕虫网”，只要有猎物从蜻蜓眼前飞过，蜻蜓就基本不会让它们漏网逃脱。

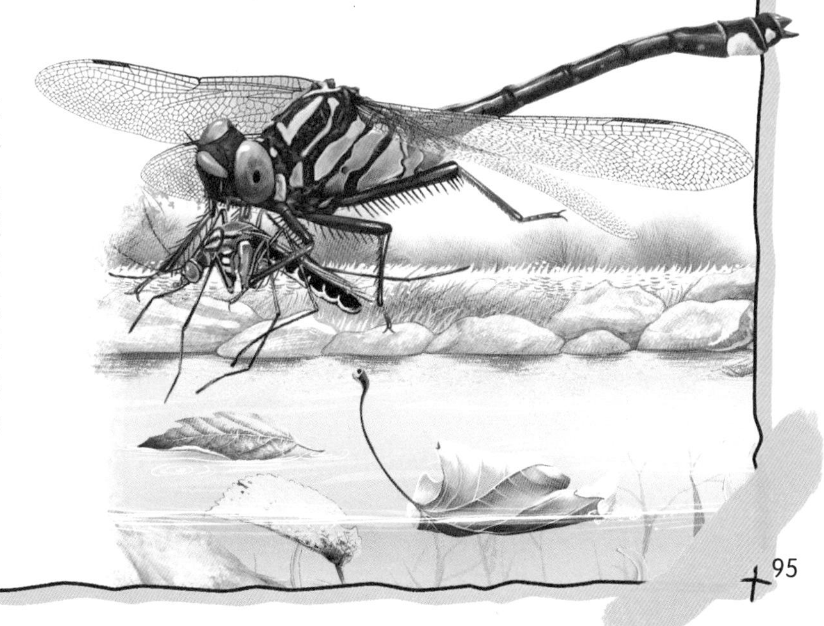

头戴双花翎的锯树郎——天牛

又是一个风和日丽的日子，阳光姐姐带着同学们来到一片生机勃勃的桑树林。

大家都很好奇阳光姐姐带着他们来到这里是要做什么。阿呆拿着一大把诱人的桑果，边吃边说："我猜阳光姐姐要带我们采桑果！"

江冰蟾笑着说："哈哈，阿呆，你难道忘了我们还要探索昆虫世界吗？"

阳光姐姐点点头，笑着对大家说："没错，我们这次要观察一种有趣的小昆虫：它们头上戴着双花翎，"唱歌"就像锯树。你们听，那些小家伙已经出来活动了。"

阳光姐姐在卖什么关子呢？我们接着往下看吧。

本期出场人物：阳光姐姐、朱子同、阿呆、江冰蟾

　　大家七嘴八舌地讨论了一会儿，谁也说服不了谁。看来还是得找到它们，仔细观察一下才行。

　　大家循声一路找去，很快就瞧见一些黑底黄点、触角很长的昆虫飞在半空。

它的触角一节一节的，真漂亮！好像京剧里孙大圣头上戴的那两根花翎！
我觉得像《三国演义》里吕布头上戴的那两根呢！
我来公布正确答案吧。它既不是苍蝇，也不是蜜蜂，而是桑虎天牛。确切地说，是拟态下的桑虎天牛。它们伪装成蜜蜂的样子，这样就可以避免蜂类的袭击了。

天牛原来是昆虫啊。我还以为天牛是一种会飞的牛呢。
那样的是怪物！

它之所以叫天牛，是因为它健壮的身躯和突出的触角让人很容易联想到牛，再加上它还会飞，所以就被叫作“天牛”了。

大家安静地等待几分钟后，天牛以为四周没人，就动了动触角和长足，努力翻了个身，又“活”了过来。

咦？是天牛在叫吗？
我听听。真的是呢！听起来就像锯木头。

没错，天牛“锯树郎”的外号就是这么来的。
是这样啊，我还以为它真的会锯树呢。

天牛虽然不会锯树，但仍属于树林里的害虫。
啊？为什么呀？
因为天牛的幼虫寄居在树内，以木质为食，对林业的危害极其严重。有的天牛还会吃棉花、玉米等农作物。

说着，大家继续去捉天牛了。

长着长触角的天牛

天牛的触角长长的，甚至超过了它身体的长度。触角是天牛的感觉器官，能帮助它们寻找食物、探测危险。

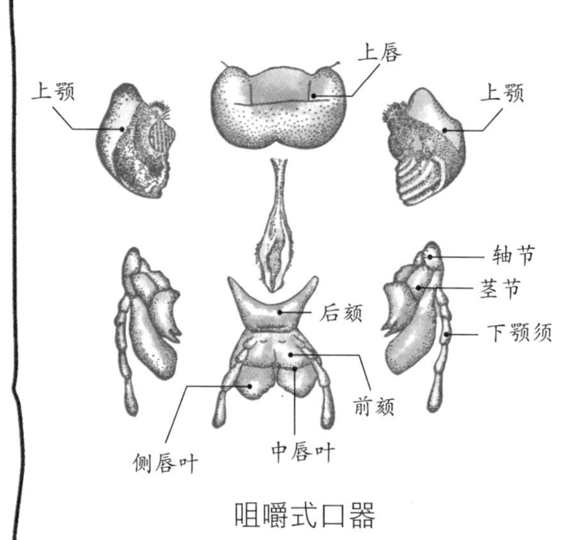

咀嚼式口器

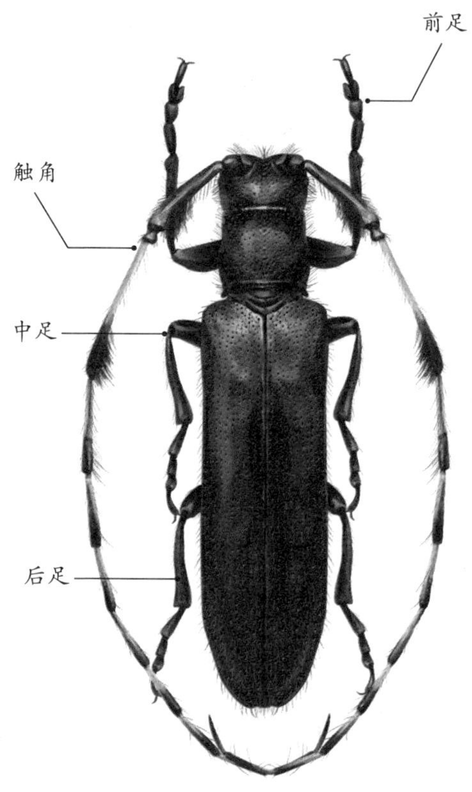

天牛的口器

天牛的口器是咀嚼式口器。发达而坚硬的上颚可以让天牛轻松吃掉固体食物。下颚和下唇上具有触觉和味觉的触须，可以让天牛品尝到食物的味道。

天牛的卵

雌天牛的产卵方式主要有两种。一种是在产前用上颚咬破树皮，然后把产卵管插入，每孔产卵一粒，也有产多粒的。另一种产卵方式不咬孔，而是直接把产卵管插在树皮缝隙内产卵。在少数情况下，也有产在枝干光滑部分的。

天牛幼虫

天牛幼虫名蝤蛴（qiú qí），黄白色，身体很长，像一个细白的圆筒。蝤蛴是树木尤其是桑树和果树的主要害虫，喜欢蛀食树干和树枝，影响树木的生长发育。

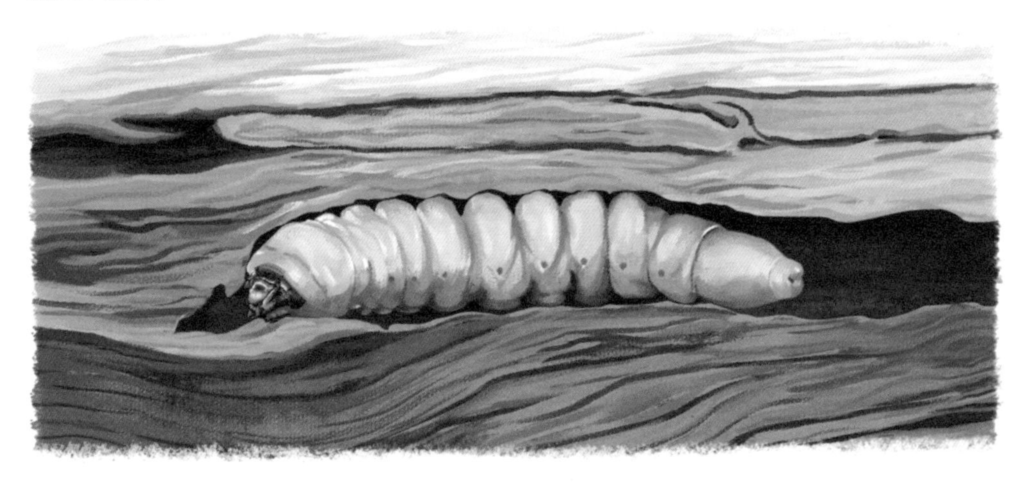

天牛的种类

天牛的种类很多，分布在世界各地。它们的幼虫主要危害林木，成虫多危害农作物和花草。

泰坦大天牛

泰坦大天牛是天牛家族里体形最大的成员，也是世界上最大的昆虫之一，它们的体长可以达到 16 厘米以上。泰坦大天牛生活在南美洲热带雨林中，由于体形太大，身体过重，它们很少从地面起飞，而是选择从树枝上起飞。

大山锯天牛

大山锯天牛是我国最大的一种天牛，它们的体长可以达到 11 厘米，背甲颜色非常漂亮，是收藏界的珍品。

夏季夜晚的“小星星”——萤火虫

傍晚时分，空气中残留的些许暑热渐渐散去，阳光姐姐和同学们在草木茂盛的乡间小路上散步。没多久，天色渐渐暗下来了，远处河边亮起了星星点点的光，好像一颗颗小星星。

本期出场人物：阳光姐姐、惜城、张小伟、江冰蟾、兔子

说着，惜城伸手要去开手电筒，但是被阳光姐姐拦下了。
天都黑了，草还这么高，啥也看不清呀！
先别用照明工具。你忘了今天的主角是萤火虫吗？

阳光姐姐说着，领着大家走进了草丛深处，大家见到了难得一见的美景。
真美啊！它们就像会飞的小星星一样。
我决定了，要多捉几只回去当照明工具，既节能还环保！
啊，我也要。

大家挥舞着捕虫网兜，不一会儿就捉到了几只萤火虫。阳光姐姐把它们放进玻璃瓶里，让大家仔细观察。
这几只萤火虫怎么没长翅膀呢？
因为它们是雌性呀。
原来萤火虫是用屁股发光啊。
你……不过，话粗理不粗。
萤火虫发光是为了照明吗？
是在相亲呀。雄性萤火虫的“灯”一闪一闪的，那是在向异性表达爱意，如果雌性萤火虫发出强光回应，就代表它很满意。

萤火虫究竟是怎么发光的呢？
这个简单，让我来施展魔法，大家亲自体会一下吧。
啊吧啦，啊咔啦，变身！
阳光姐姐说着，掏出一瓶魔法粉往同学们身上洒，然后念起了咒语。
大家的身体眨眼间缩小，变成了和萤火虫差不多的模样。
不管经历几次，还是觉得阳光姐姐的魔法好神奇啊，尽管它不科学。
你都说是魔法了，怎么可能科学？
忽然，惜城感觉大家的视线都集中到了自己身上。不，应该说是自己的臀部……
喂！你们别这么看我啊，感觉怪怪的。
惜城，你的屁股在发光！

兔子伸手感受了一下亮光。

嗯，并不烫，是因为魔法的缘故吗？还是说萤火虫就是这样的？

我还是觉得有些尴尬！阳光姐姐，快把我们变回来吧。

兔子真聪明，一下就说到了点子上。萤火虫的“光”是由腹部的发光细胞生成的，这种光虽然看起来很亮，但不会产生热量，也没有磁场，人们将其称为“冷光”。

哦，萤火虫在受到外界刺激，比如惊吓时，就会本能地做出那些反应。

好了，今天的观察任务到此结束，记得把刚刚抓到的萤火虫放生呀。

在阳光姐姐的提醒下，同学们虽然舍不得这些美丽的萤火虫，但还是打开了瓶子，让它们一只接着一只地向夜空飞去……

科普小书房

闪闪发光的萤火虫

萤火虫腹部末端长着一个“发光器”，里面藏着很多发光细胞，其中最主要的两种物质是荧光素和荧光素酶。随着萤火虫的一呼一吸，荧光素酶就会帮助荧光素和氧气发生反应，萤火虫就这样发出了光。

不过，并不是所有的萤火虫都可以发光，某些种类的雌性萤火虫就不能发光。不同种类的萤火虫发出的光也不一样，主要有黄色、绿色、红色及橙红色。

灯光信号

光，是萤火虫的语言。虽然在我们眼中，一闪一闪的荧光并没有什么特别的意义，但萤火虫却能通过荧光相互交流，传递信息。雄萤火虫利用“灯光”追求伴侣，而收到“灯语”的雌萤火虫也会及时给予回应。就是根据这种“灯光信号”，萤火虫飞到一起结成伴侣。

萤火虫与冷光灯

科学家通过研究萤火虫的发光原理，发明了冷光灯。冷光灯发出的光很柔和，减少了对眼睛的伤害。

短暂的一生

蛮火虫的一生要经过卵、幼虫、蛹和成虫四个阶段。它们的幼虫期可以长达 10 个月。但当它们长大，就只剩下十天左右的生命了。

吃肉的萤火虫幼虫

萤火虫幼虫的头顶有一对颚，细得像头发，很尖利。它们捉蜗牛时，先用颚在蜗牛身上轻轻敲打，这其实是萤火虫幼虫在向蜗牛注射一种毒液。蜗牛在毫无警觉中被麻痹，直到失去知觉。然后萤火虫幼虫会在蜗牛肉上分泌消化液，使蜗牛的肉变成流质，然后就可以用管状的嘴把“蜗牛汁”喝掉了。

关于典故“集萤映雪”

在晋代，有个叫作车胤的穷孩子，读书很刻苦，常常读书到深夜，可是他买不起点灯照明的油。他捉来一些萤火虫，装在能透光的纱布袋中，用来照明读书。同朝的孙康也因为家贫买不起灯油，于是就借着窗外的雪映进来的光读书。后世用这两个典故来激励人们要勤奋读书。

臭名昭著的放屁虫——椿象

阳光姐姐带着几个同学在郊外野炊。大家吃得正开心，朱子同忽然注意到有一只奇怪的小昆虫正朝兔子的方向爬过去。“嘿！往哪跑？”朱子同一边说着，一边伸手捉住了小昆虫。

朱子同的动作吸引了女生们的注意，她们围了过来。

朱子同把小昆虫凑到鼻子前闻了闻，表情变得非常奇怪，随手将小昆虫扔到了远处的草丛里。

本期出场人物：阳光姐姐、朱子同、兔子、咪咪

阳光姐姐带领几个同学走进了一片树林。
啊，树林里味道更重啦！
不好！难道是刚才那只昆虫在向我报复？它和它的同伴在向我们投臭气弹，打算把我们熏晕？

这里是椿树林，咱们闻到的味道都是树叶散发的。
呼
原来如此，差点把我吓坏了。

我们这次要探索的小昆虫就藏在这里呢！

那种小昆虫那么臭，是不是叫臭虫呀？
也不算错啦，不过更准确地说，它们叫椿象。
椿象？椿树上的大象？
这个笑话真的很冷……

椿象是一种半翅目昆虫，全世界有五千多种呢。因为它们散发的气味很臭，所以人们也叫它们臭大姐、放屁虫。

放屁虫？哈哈，这个名字真贴切。
朱子同忽然注意到女生们都捂着鼻子，离他远远的。

喂，你们干吗躲这么远？
你忘了自己刚刚用手抓椿象了吗？
嗯嗯，你现在已经变得和椿象一样臭了。

啊……你们，我被嫌弃了！
哈哈，有子同这个前车之鉴，同学们一会儿可不要直接用手捉椿象呀。

椿象这么臭，我怀疑，它是吃粪球的吧？
这倒不是。椿象喜欢吃果实，喜欢吸食树干的汁液，是果蔬业与林业的害虫。
那我们应该动手捕捉椿象，守护农民伯伯的劳动果实呀。
朱子同仰着脖子，发现根本够不到高大的椿树。
可是我们该怎样才能捉到它们呢？树很高啊！
这是小问题，大家跟我来。
说着，阳光姐姐走到一棵椿树下，用力摇动树干。不一会儿，几只小虫子从树上摔了下来。
哈哈，这样捉虫不费吹灰之力。
哎呀！椿象一动不动，是不是摔死了？

同学们静静地看着地上的小昆虫。很快，这些小虫子就开始活动了。大家赶紧捉了几只放到瓶子里面。
怎么会？许多昆虫都有“装死”的本领。等过一会儿，它们察觉周围很安全，就会起来活动的。

可恶，好臭！为什么是我来抓虫子啊？
男子汉大丈夫，你不抓谁抓？
我是个男生，这是我的错吗？
阳光姐姐，既然椿象危害那么大，有什么好的治理方法吗？

当然有啊。除了加强对树种的管理和喷洒农药外，还可以利用椿象的趋光性进行灯光捕杀，或者利用螳螂、瓢虫、蜘蛛、平腹小蜂、麻雀等天敌对椿象进行捕杀。
还有还有，还能像我们这样人工捕捉呢。
听了朱子同的话，同学们忍不住哈哈大笑起来。

科普小书房

椿象的神奇武器

椿象具有一种特殊的腺体，可以存储不同种类的化学物质。受到天敌攻击时，它们就会将这些化学物质混合起来，制作成气体炸弹，通过排气孔排放出来。天敌闻到椿象排放出的臭气，一般都没有胃口吃它们了。

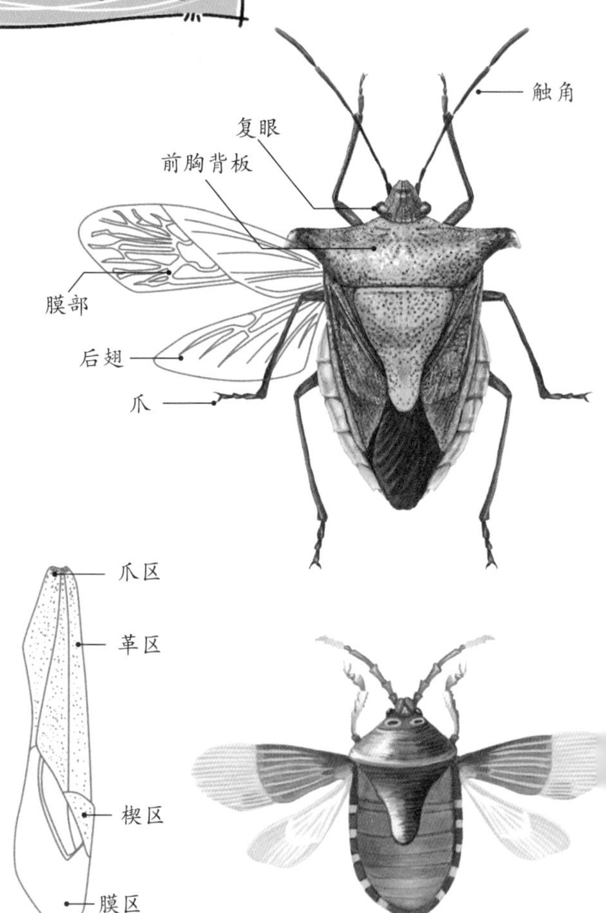

特别的翅膀

除了特别的臭气，椿象的翅膀也与众不同。椿象有两对翅膀，它们的前翅一半是硬硬的，就像皮革，另一半则像一层膜，而后翅全部是膜质，这种翅膀叫作半鞘翅。

椿象的口器

椿象长着一个发达的刺吸式口器，它的成虫和若虫喜欢吸取植物汁液。当椿象取食时，口针鞘会折叠弯曲一下，口针直接刺入植物表皮吸取汁液。

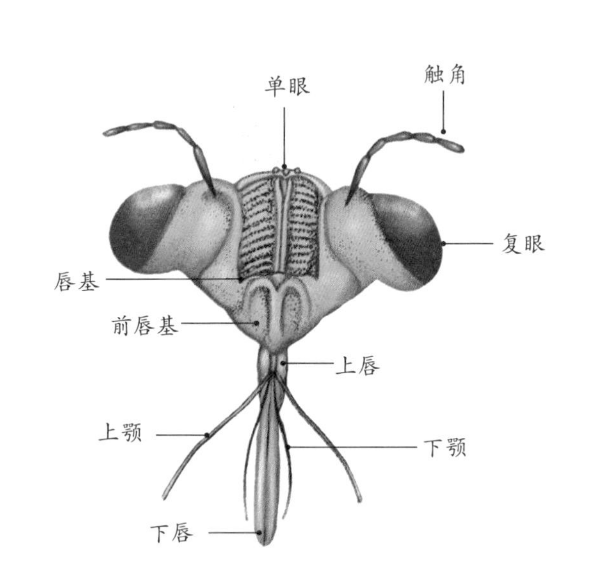

椿象的种类

椿象的种类很多。

常见的种类如稻黑蝽、稻褐蝽、稻绿蝽、稻小赤曼蝽，主要为害水稻。

荔蝽、硕蝽、麻皮蝽、茶翅蝽，主要为害果树。

菜蝽、短角瓜蝽、细角瓜蝽，主要为害瓜、菜。

蠋蝽、疣蝽、黑厉蝽等，则以猎捕其他软体昆虫为食。

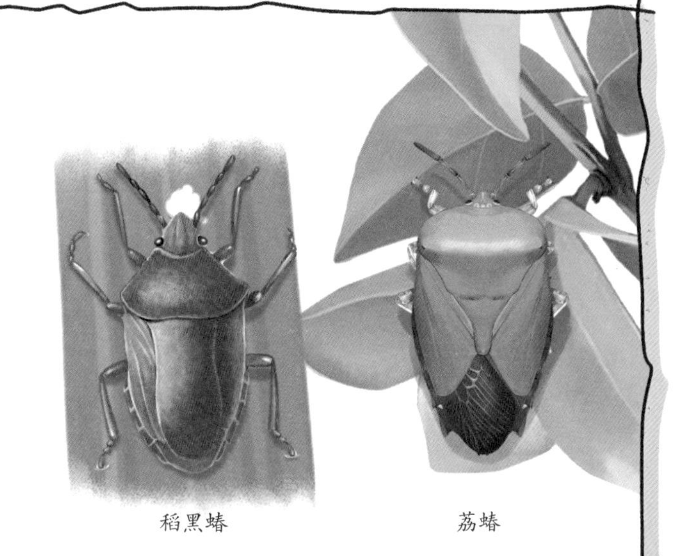

稻黑蝽　　荔蝽

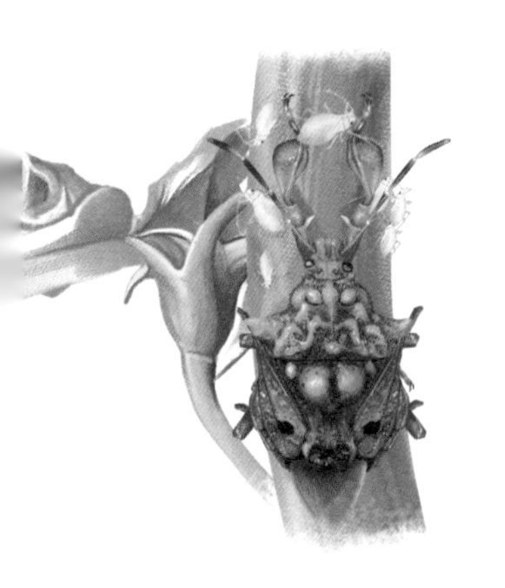

疣蝽

菜蝽

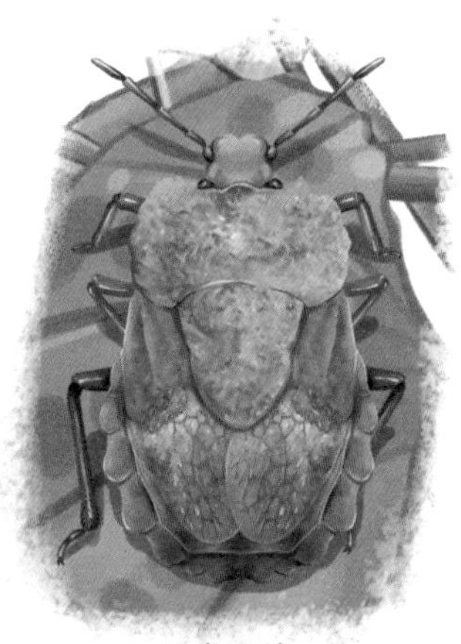

细角瓜蝽

奇妙的调味品

椿象蛋白质含量高，含有多种营养物质。墨西哥人很喜欢椿象特别的气味。他们会将椿象作为调料，放在玉米卷里生吃，或者用来制成调味酱。在老挝、越南、泰国等地，人们也将椿象当作高级的美食。

昆虫界首席大长嘴——象鼻虫

雨过天晴，明媚的阳光重新照耀着大地。阳光姐姐领着同学们来到了一片竹林。竹林里，竹笋破土而出，上面挂着一颗颗晶莹的雨滴，真是漂亮极了！

本期出场人物：阳光姐姐、朱子同、张小伟、江冰蟾

同学们说笑着走了过来。
我来也！我倒要看看究竟是何方神圣让我们的姐姐大人这么激动。
哈哈，子同真会说话。你们瞧这几棵竹子。

大家顺着阳光姐姐指的方向望去，只见几棵竹子被风刮得东倒西歪，有的还倒在了地上。
我记得竹子没这么脆弱啊？难道风一吹就断了？

阳光姐姐蹲在地上翻动着断竹。忽然，几只外壳坚硬的甲虫从折断处爬了出来。

咦？这虫子长得好奇怪。
就是，鼻子这么长，难道是要成精了吗？
哈哈，同学们，那不是小昆虫的鼻子，而是它的嘴巴。人们认为这个部位和大象的鼻子很像，于是就把这种小昆虫叫作“象鼻虫”。

朱子同刚用捕虫网触碰到象鼻虫，象鼻虫就立刻把六条腿缩到肚子底下，身体一动不动。

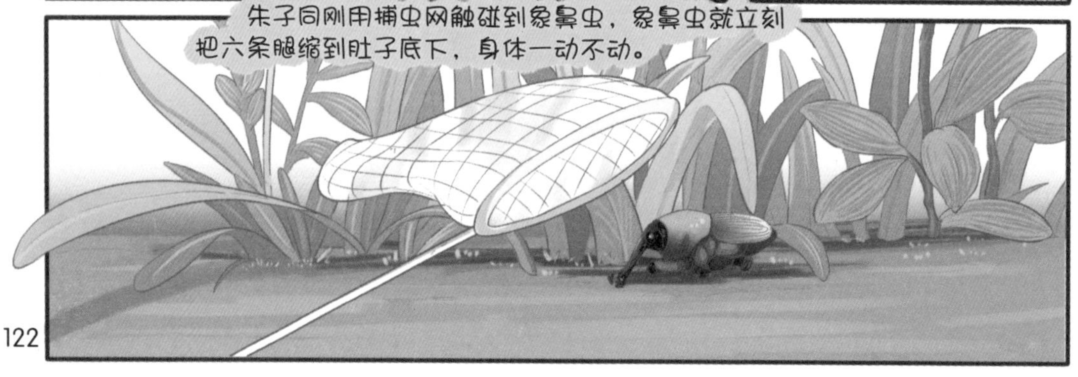

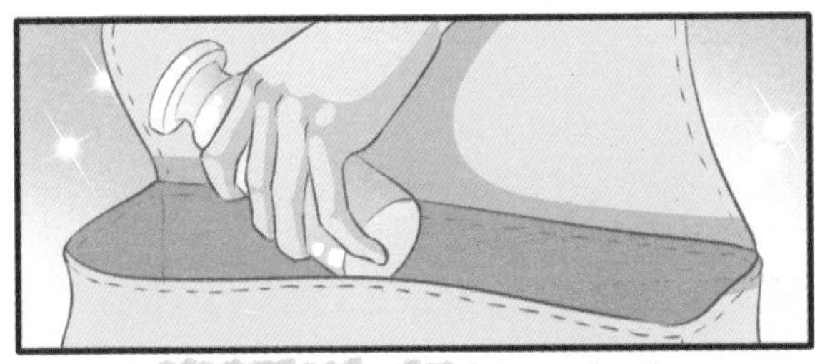

阳光姐姐笑了笑，掏出了神奇的魔法粉。

阳光姐姐话音刚落，装死的象鼻虫感觉到危险消失，立即“活”了过来。它还抖了抖嘴巴，嘴巴边缘的“长条”随之抖动。
哇，狡猾狡猾真狡猾！
咦？它嘴巴边缘的两根“长条”是什么呀？触角吗？
聪明！
那它背上的是翅膀还是外壳呀？
这是象鼻虫的外壳。象鼻虫的前翅早已角质化，所以摸上去光滑而坚硬。

你们快看！为什么它们有的翅膀边缘长毛毛，有的却没有？
因为性别不同呀。你们瞧，鞘翅边缘有绒毛的就是雄虫，没有的就是雌性。

阳光姐姐刚说完，朱子同就挖开了几棵竹笋，发现里面果然有几只虫子。

科普小书房

象鼻虫的“长鼻子”

象鼻虫是昆虫世界中种类最多的一群成员，它们长得非常有特色，最显眼的就是它的“长鼻子”，那是象鼻虫的口器。

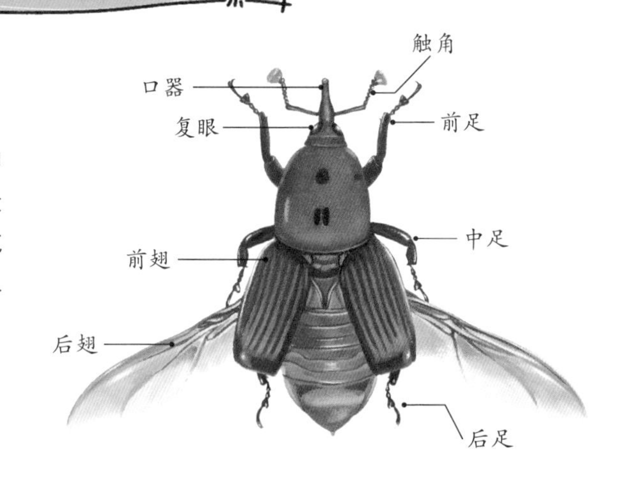

会冬眠的昆虫

深秋时，象鼻虫会钻入地下冬眠。等第二年春回大地、气温升高时，它们会再度活跃起来，到处啃食植物的茎或叶。

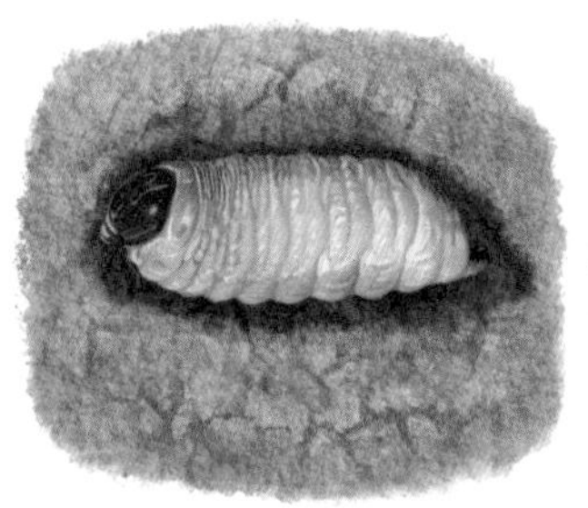

象鼻虫幼虫冬眠　　象鼻虫成虫冬眠

“建筑大师”

卷叶象鼻虫是昆虫界的建筑大师，它们是编织摇篮的高手。在繁殖季节，雌卷叶象鼻虫会选一片嫩叶，将它卷成圆筒状的叶苞。在叶苞卷到一半时，雌卷叶象鼻虫会停下工作，把卵产在叶苞中，然后继续工作。大约需要几个小时，幼虫的摇篮就做好了。

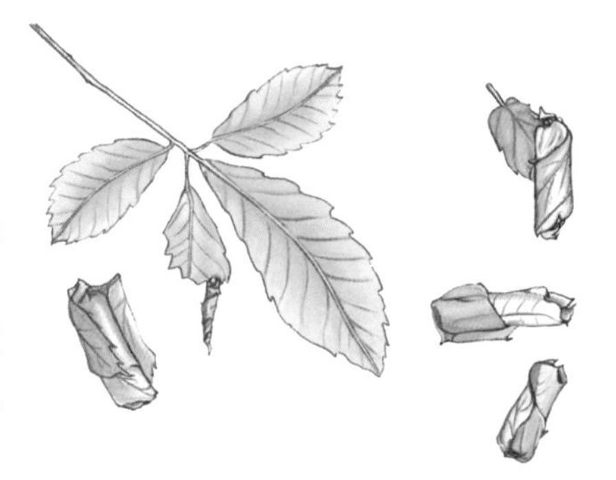

鸟粪象鼻虫的拟态

鸟粪象鼻虫外表黑白相间，擅长模拟成鸟粪的形状，躲避天敌捕杀。鸟粪象鼻虫还格外会装死，一被碰触到立刻就一动不动，很长时间都不醒。

象鼻虫的常见种类图鉴

水稻象鼻虫

水稻象鼻虫又叫稻象虫，分布于广东及珠江三角洲水稻区，幼虫成虫都会危害水稻，是当地常见的农业害虫。除了水稻，它们还会危害瓜类、番茄、玉米、油菜、麦类等。

黑长颈卷叶象鼻虫

黑长颈卷叶象鼻虫体形较小，体色为黑色，翅鞘略带暗褐色。它们出现于春、夏二季，生活在低、中海拔山区。

沟眶象

沟眶象是我国常见的一种象鼻虫，喜欢吸食臭椿的树汁。刚孵化的幼虫会危害树皮，长大后就会钻进树干中，蛀食树干的木质部，使大树衰弱甚至死亡。

图书在版编目（CIP）数据

神奇的昆虫王国 / 伍美珍主编；孙雪松等编绘 . —济南：明天出版社，2017.12（2018.3重印）

（阳光姐姐科普小书房）

ISBN 978-7-5332-9518-9

Ⅰ . ①神… Ⅱ . ①伍… ②孙… Ⅲ . ①昆虫—少儿读物 Ⅳ . ① Q96-49

中国版本图书馆 CIP 数据核字（2017）第 274217 号

主　　编　伍美珍
编　　绘　孙雪松 王迎春 盛利强 崔 颖 寇乾坤 宋焱煊 王晓楠 张云廷
责任编辑　丁淑文
美术编辑　赵孟利
出版发行　山东出版传媒股份有限公司
　　　　　明天出版社
　　　　　山东省济南市市中区万寿路 19 号　邮编：250003
　　　　　http://www.sdpress.com.cn　http://www.tomorrowpub.com
经　　销　新华书店
印　　刷　济南新先锋彩印有限公司
版　　次　2017 年 12 月第 1 版
印　　次　2018 年 3 月第 2 次印刷
规　　格　170 毫米 ×240 毫米　16 开
印　　张　8
印　　数　15001-20000
I S B N　978-7-5332-9518-9
定　　价　23.80 元
